“十三五”国家重点出版物出版规划项目
量子科学出版工程（第一辑）

Programming the Universe

A Quantum Computer Scientist Takes on the Cosmos

（美）赛斯·劳埃德　著

张文卓　译　袁岚峰　审校

量子科学出版工程
Quantum Science Publishing Project

编程宇宙

量子计算机科学家解读宇宙

中国科学技术大学出版社

内容简介

我们的宇宙是一台伟大的量子计算机吗?跟随麻省理工学院赛斯·劳埃德教授的思维旅程,我们会发现答案是肯定的.宇宙中粒子间的相互作用,不仅仅交换能量,而且还传递信息,也就是说,它们不只在碰撞,而且还在“计算”.它们在计算什么?计算我们的宇宙如何演化.本书清晰地介绍了量子科技的发展脉络和其中关键的要点,为读者了解宇宙提供了一个全新的视角,展现了科学的神奇魅力,会给读者带来一场完全不同的思维体验.

图书在版编目(CIP)数据

编程宇宙:量子计算机科学家解读宇宙/(美)赛斯·劳埃德(Seth Lloyd)著;张文卓译;袁岚峰审校.—合肥:中国科学技术大学出版社,2022.6
(量子科学出版工程.第一辑)
国家出版基金项目
“十三五”国家重点出版物出版规划项目
ISBN 978-7-312-04675-9

Ⅰ.编… Ⅱ.①赛… ②张… ③袁… Ⅲ.量子论—普及读物 Ⅳ.O413-49

中国版本图书馆 CIP 数据核字(2019)第 236990 号

编程宇宙:量子计算机科学家解读宇宙
BIANCHENG YUZHOU: LIANGZI JISUANJI KEXUEJIA JIEDU YUZHOU

出版 中国科学技术大学出版社
安徽省合肥市金寨路 96 号,230026
http://press.ustc.edu.cn
https://zgkxjsdxcbs.tmall.com
印刷 合肥华苑印刷包装有限公司
发行 中国科学技术大学出版社
开本 787 mm×1092 mm 1/16
印张 10.5
字数 236 千
版次 2022 年 6 月第 1 版
印次 2022 年 6 月第 1 次印刷
定价 60.00 元

劳埃德认为他找到了一种新的方式来解释科学中最基本的问题：世界为何如此复杂？ 他的回答回到了这样的观念，即信息总是会产生更多的信息. DNA、性别和意识的最终出现实际上是不可避免的. 这是一个令人着迷且令人深感欣慰的想法.

——《纽约时报》

赛斯·劳埃德对这些难以理解的事情的解读权威且时而风趣. 他总能对宇宙的故事有着惊人的新颖的讲述.

——《卫报》

这是一本有趣的书. 作者想要传达的观念是：信息是一切的核心. 作者编织自己在量子计算方面的思想历程，使本书读起来非常令人兴奋，让我无法放下.

——安东·蔡林格(Anton Zeilinger)，维也纳大学物理学教授

重大问题"思维还是物质"的现代版本是"信息还是物理". 赛斯·劳埃德热情洋溢且坚持不懈地思考了这个问题. 在他努力学习和思考之后，这个问题被升华了：最深的现实是信息和物理同时存在.

——弗朗克·维尔切克(Frank Wilczek)，2004年诺贝尔物理学奖获得者，麻省理工学院物理系Herman Feshbach讲席教授

赛斯·劳埃德在书中重新叙述了宇宙的规则，从计算领域引入了深刻的见解，以解决复杂性、生命和宇宙问题. 这是解决当今时代某些最深奥的科学奥秘的全新方法，世界上极具创造力的科学家和顶尖思想家之一对此进行了有趣的解释. 对于那些热爱关于物质存在的问题的读者来说，他们的收益并不会超出这本书很多.

——保罗·戴维斯(Paul Davies)，麦考瑞大学物理学教授，
《如何建造时间机器》作者

劳埃德的书可以为量子信息做一些像布莱恩·格林（Brian Greene）为弦理论所做的和史蒂芬·霍金（Stephen Hawking）为解释时空所做的事情……以通俗易懂、全面的方式探索重大问题，劳埃德的工作对普通科学读者非常有益.

——《书单》

宇宙是一台量子计算机，这个观点我早就听说过，但以前只是当作玩笑. 这本书却是非常严肃地在论证这个观点，而且给出了具体的数据：从大爆炸到现在，宇宙总共对 10^{92} 个比特执行了 10^{122} 次计算操作. 这是怎么算出来的？ 宇宙是一台量子计算机，会产生什么后果？它如何跟热力学第二定律、测不准原理、时间反转、多重宇宙、生命起源、宇宙的命运等深奥的问题产生联系？ 是否存在另一个宇宙，其中我们希望避免的坏事没有发生，我们希望发生的好事确实发生了？ 在遥远的未来，当整个宇宙中可利用的能量越来越少，生命将如何生存？ 这些引人入胜的问题，都可以在本书中找到——不是找到答案，而是找到引人入胜的思考.

——中国科学技术大学传播系副主任，中国科学院科学传播
研究中心副主任，《科技袁人》节目主讲人　袁岚峰

中译本序 I

尽管我天天在使用计算机,但我却是一个不懂编程的人.程序的核心机理和作用我还是了解的,一个程序在计算机中的位置如同指挥一个军队的行动计划,这个行动计划通过执行它的指挥员来实施,这样说读者应该容易理解并接受.

那么,程序和宇宙又有什么关系?这是本书要谈的重点.读完这本书,我想起了一个最简单的程序,叫"生命游戏",它是已故数学家康威写的一个简单的程序.一个含有很多空格的平面根据这个程序的指令一代一代变化,可以从一个非常简单的图形迭代出非常有趣的图形,而且图形在变化的时候非常类似很多动物在运动.这些图形的组成非常简单,就是将平面分成类似围棋的棋盘,每个格子的颜色不是白就是黑,黑的代表生,白的代表死,这是我们熟悉的二进制一样的东西.然后每个格子的颜色根据8个临近格子的状态向下一步变化.你看,这么一个简单的游戏规则会产生出非常有趣且复杂的演化图案,是不是像一个演化的二维宇宙?

因此,我很明白作者的意图以及他的想法.不过,要模拟我们的宇宙,需要量子计算机和量子态,因此要了解量子计算是如何模拟我们的宇宙的,就得学习一下量子力学.幸好,作者在书中介绍了量子力学和量子计算.尽管存在很多科普量子计算的图书,但我还是觉得本书是我见过的比较好的科普版本.我们知道,宇宙中的万事万物同时还携带信息和熵,作者同时也为我们科普了这两个重要概念.

作者提出了宇宙本身就是一个量子计算机的观点,尽管这个看法并不新,但作者有自己的细节,我读后觉得很有趣.更加有意思的是,这几年研究量子引力的人发现也许我们这个宇宙包括时空,以及时空中的熵和量子信息有关,尽管这个研究方向的细节和本书作者所谈的细节有所不同,但也许最终殊途同归.

期待这本书能唤起更多的人对量子计算的兴趣，因为我一直相信量子计算一定会在未来的工业革命中扮演一个中心角色.

物理学家，科普作家

中译本序Ⅱ

宇宙是一台量子计算机

美国麻省理工学院赛斯·劳埃德(Seth Lloyd)编写的科普书《编程宇宙:量子计算机科学家解读宇宙》(*Programming the Universe: A Quantum Computer Scientist Takes on the Cosmos*),最近由张文卓博士翻译为中文.我一口气读完,非常过瘾.

劳埃德是研究量子计算机的顶级理论专家,我曾读过他很多富有远见卓识的研究论文:1996年,他就从理论上证明了通用量子模拟器;2009年,他与其他研究者合作发现,相比经典计算机,用量子计算机求解线性方程组问题能有指数级效率的提升.我一直很好奇,为什么他能做出这么多重要的研究工作,这些奇思妙想的思路从何而来?

读完这本科普图书,我才知道,从博士开始,劳埃德就一直研究信息学与统计物理、黑洞和复杂系统的交叉.博士毕业后,他前往IBM(International Business Machines Corporation)研究院与信息物理的创始人之一兰道尔(Rolf Landauer)共事,然后又去加州理工学院做诺贝尔物理学奖获得者盖尔曼(Murray Gell-Mann)教授的博士后,研究复杂系统与量子力学的基本问题.与这些物理学大家合作共事,让他形成了打破学科壁垒,将信息学、计算机科学等与物理学相互融合的研究风格.

《编程宇宙》一书也处处体现了劳埃德独特的风格.在本书中,他首先介绍了信息与计算科学最基本的概念;然后从计算的角度给出了宇宙大图像,讨论了信息与物理的交叉融合;最后从信息科学的角度,告诉我们如何理解热力学第二定律、麦克斯韦妖、兰道尔原理等.特别是他认为,万事万物来源于量子比特,宇宙可以看作一台量子计算机.宇宙诞生,演化出现星系,然后出现生命和我们人类,这一切都是计算的产物.一句话概括,信息即物理!

物理学家追寻大统一理论(万有理论)已经很久了,超弦理论就是由此而产生的.从量子比特出发,把宇宙看作一台量子计算机，是构建物理学大统一理论最新的尝试．劳埃德在写本书时，这方面的研究只是刚刚开始．他估算宇宙可以存储 10^{92} 个比特，每秒可以完成 10^{105} 次操作，宇宙诞生至今已完成的运算次数超过 10^{122} 次．而地球上所有计算机一年能进行的操作不过是 10^{28} 次．可见，宇宙的计算能力远超我们人类．要理解宇宙的本性，我们不仅要把它当作一台机器，而且要把它看作处理信息的机器．在这个新的宇宙模型研究范式中有两个主角：信息与能量．它们共同决定了宇宙的过去与未来．

过去的十多年，在这个思想的引领下，已经产生了丰富的成果．例如，人们发现时空结构的稳定性与量子纠错码有深刻的联系，黑洞的特性与量子计算的复杂性也有意想不到的联系等．我相信，劳埃德在本书中介绍的信息物理学的基本思想，以及把宇宙看作一台量子计算机的独特视角，将会继续启发新一代科学家深入探索．

北京理工大学量子技术中心教授，
中国计算协会(CCF)量子计算专委委员
尹章琦

译 者 的 话

首先，非常高兴中国科学技术大学出版社即将出版本人翻译的《编程宇宙：量子计算机科学家解读宇宙》一书. 该书的作者赛斯·劳埃德是量子计算机研究的先驱者之一，现任麻省理工学院量子工程教授. 本科阶段，劳埃德在哈佛大学选修了物理、文学、音乐等多个专业，最后在诺贝尔物理学奖得主格拉肖(Sheldon Glashow)和拉姆齐(Norman Ramsey)的影响下主修了物理学专业. 硕士阶段，他去了英国剑桥大学，并偶遇了著名作家博尔赫斯. 博士阶段，他选择了位于纽约的洛克菲勒大学，并成为这所以培养生命科学研究生为主的大学里少数几个研究物理的人. 在这里，劳埃德有很大的自由，兴趣把他吸引到了量子计算的研究上.

20 世纪 80 年代中期，理论物理学的主流是研究超弦理论——把基本粒子当成振动的符合超对称的弦，并通过引入高维空间来统一量子场论和广义相对论的“万有理论”，它是理论物理学家的终极梦想. 而量子计算的概念当时才刚刚出现，理论物理学家进行量子计算的研究会被当成不务正业的疯狂举动. 于是，劳埃德在书中自嘲道：“我这辈子都不明白我的研究方向比弦论更疯狂.”量子计算从 90 年代中期快速兴起，理论与实验并重，成为横跨物理学和计算机科学的最大热点，也成为下一次信息革命的最大目标. 而距离实验太远的超弦理论越来越向数学靠拢，逐渐成为小众化的美梦.

劳埃德的博士后合作导师是著名的诺贝尔物理学奖得主、夸克的提出者盖尔曼. 盖尔曼当时处于学术生涯晚期，研究兴趣一个是量子力学“一致历史”诠释，另一个是复杂系统. 所以本书介绍量子力学时，劳埃德更多地采用了“一致历史”诠释. 盖尔曼是以研究复杂系统著称的圣塔菲研究所的创始人之一，后来劳埃德也来到了圣塔菲研究所工作，并深入研究了量子计算和信息复杂性的关系.

在 20 世纪 90 年代，劳埃德也参与了很多实验物理学家的工作，比如世界上最早的几个量子计算实验，只有 2～3 个量子比特. 合作过程使劳埃德意识到实验物理学家对量子世界的理解更为深刻，因为他们具有理论物理学家所缺少的那种操作量子的切身体会.实际上,很少有理论物理学家能这样不存偏见地赞许实验物理学家,所以本书中关于这部分的内容也让实验物理出身的我感到十分欣慰.在本书的最后部分,劳埃德讲述了他的博士生导师,也是他的好友海因茨·帕格尔斯(Heinz Pagels)和他一起登山探险时意外身亡的事情.这对他而言是一次非常大的打击,但也让他开始接受量子力学的多世界诠释,希望存在帕格尔斯仍然活着的世界.这部分内容非常令人感动.

英文版图书于2006年完成出版,是劳埃德最著名的一部科普书籍,堪称量子计算版的"时间简史",也相当于他自己的一本小自传.劳埃德多彩的学术经历也让他变得非常博学,在本书里他从信息处理的视角看待整个宇宙,介绍了经典计算机和量子计算机最底层的物理原理,以及人类信息技术的发展历史.本书适合对量子计算感兴趣的各个年龄段读者.

2014年受果壳图书委托翻译本书的时候,我还在丹麦奥胡斯(Aarhus)大学物理系做博士后,进入量子计算领域不久.本书关于物理和信息之间关系的深入理解,以及介绍的信息技术发展历史对我帮助很多.回国后,我加入了中国科学技术大学上海研究院的潘建伟院士团队,从事量子信息的研究工作,目睹了同事们成功研制世界第一颗量子科学实验卫星"墨子号"的过程,这使得我国实现了量子通信领域的多个世界第一.本书的翻译工作也辗转多年,终于即将由中国科学技术大学出版社出版.

如今以量子通信和量子计算为代表的量子信息技术已经走出学术界,越来越受到信息产业界的重视,信息产业巨头们纷纷投入量子计算,创业公司也纷纷成立.目前,最新的进展就是2019年谷歌声称率先实现了53比特量子计算机的"量子称霸".我也刚刚离开了中国科学技术大学教师的岗位,投入到量子信息技术领域创业当中.

量子信息技术,尤其是量子计算,不仅仅是一个投资风口,更是寄托了第二次信息革命的希望.中国错过了第一次信息革命的舞台,导致在集成电路(芯片)上一直被"卡脖子",受制于人.面对第二次信息革命的到来,有把量子通信做到世界领先的科研团队,相信中国在量子计算上也会大放异彩,成为这次信息革命的主角.

最后,作为中国科学技术大学出版社"量子科学出版工程(第一辑)"丛书中的一本,希望本书能够给读者带来一场完全不同的思维体验,为读者了解量子计算尽一份绵薄之力.

张文卓

2019年10月于北京海淀

序

苹果和宇宙

“一切从比特开始.”在这所建于17世纪的女修道院,现在以复杂系统研究闻名天下的圣塔菲研究所,我面对着满屋子物理学家、生物学家、经济学家和数学家们,甚至还有几位诺贝尔奖得主,开始了自己的报告.此报告的主题来源于著名物理学家、以研究天体物理和量子引力著称的惠勒(John Wheeler)[①]老先生给本人的一个命题,题为“一切源于比特”.我接受了这个挑战,现在想这可能是个馊主意,但已然来不及了,只能这样握着一个苹果开讲了.

“事物,或者说东西,产生于信息的基本单位,即比特.”我一边讲一边紧张地抛着那个苹果.“苹果就是一个很好的例子.它在很久以前就和信息联系在一起了.首先,苹果是代表知识的水果,‘其致命的味道给世界带来死亡,及我们所有的苦难’[②],所以它传递的信息包括美好与邪恶.后来,一个从树上掉落的苹果启发牛顿(Isaac Newton)找到了万有引力定律.苹果弯曲的表面还曾被用来比喻爱因斯坦(Albert Einstein)那弯曲的时空.更直接地说,苹果种子里的基因编码了苹果树未来的形状.最后,还有很重要的一点,苹果富含自由能——那些我们身体行使功能所需要的卡路里.”说完,我马上咬了一口手上的苹果.

“很明显,这个苹果包含了各种各样的信息.但到底有多少信息量?多少比特?”问完问题,我把苹果放在桌子上,转身在黑板上开始了简短的计算.“有趣的是,早在20世纪初我们就知道了一个苹果所含的比特数量,比‘比特’这个词的历史都久.说到这里,可能你们会认为答案是一个苹果里含有无限比特,但这个答案不对.实际上,通过量子力学,我们知道用有限比特就可以描述苹果和组

---

① 译者注:著名物理学家费曼的博士生导师.

② 译者注:语出弥尔顿《失乐园》.

成它的原子的所有微观状态. 用很少的比特就可以描述一个原子的速度和位置,而原子核的自旋用 1 比特就足够了. 所以结果就是,这个苹果所包含的比特数只比一个原子多几亿亿亿个 0 和 1 而已."

说完,我转身面向听众. 苹果不见了. 谁拿走了? 我看到了台下惠勒老先生卖萌的面庞,还有盖尔曼那无辜的表情. 盖尔曼先生是夸克的发现者,诺贝尔奖得主,是世界物理学界的"重量级拳王金腰带"拥有者.

"没苹果我就没法讲了. 东西没了,比特就没了."说完,我一屁股坐在椅子上.

来自贝尔实验室的一个顽皮的工程师把苹果还给了我. 我高举着,看谁敢再来偷. 一切正常后,我继续讲:

"就携带信息量来说,所有的比特都是平等的. 比特(bit)是二进制计数单位(binary digit)的缩写,有两个可区分的状态,比如 0 或 1,yes 或 no,头或尾. 任何存在两个可区分状态的物理系统都可以记为 1 比特. 含多个可区分状态的系统就有更多的比特. 如果一个系统有 4 个可区分状态,比如 00,01,10,11,则记为 2 比特;同理,如果一个系统有 8 个可区分状态,比如 000,001,010,011,100,101,110,111,则记为 3 比特. 前面提到过,量子力学确保了一个在能量和空间上都有限的物理系统具有有限个可区分的状态,于是可记为有限比特. 因此所有的物理系统都携带着信息. 就像 IBM 的兰道尔所言,'信息即物理'."

这时,盖尔曼打断了我的讲话:"不过,真的是所有比特都平等吗? 若有 1 比特能告诉我们某个尚未解决的著名数学猜想是对的还是错的呢? 与那些抛硬币随机出现的比特相比,显然有一些比特更重要."

没错,我同意. 在这个宇宙里不同的比特扮演着不同的角色. 尽管所有的比特都携带着相同的信息量,但是在不同比特之间信息的质量和重要性并不一样. 答案取决于问题. 比如,对苹果的生长来说,决定苹果 DNA 上的一对碱基的比特显然比记录苹果里一个分子中碳原子振动的比特重要得多. 传递苹果的气味只需要少数分子及其附属的比特,但是确定苹果的所有成分和营养价值则需要几百亿亿个比特.

"但是,"盖尔曼又插了一句,"有没有可能在数学上给 1 比特的重要性做精确定量?”

我握着苹果,回答说不知道这个问题的确切答案.1比特信息量的重要性取决于它怎么被处理.所有的物理系统都携带着信息,它们的动力学演化会处理这些信息.如果一个电子在某点记为0,另一点记为1,那么这个电子从一点运动到另一点就代表1比特的反转.一个物理系统的动力学过程可以看成一个计算,用到的比特不仅可以记为0或1,而且可以当作一条指令,比如0可以代表“干这个”,1可以代表“干那个”.1比特的重要性不依赖于它的取值本身,而依赖于这个取值如何影响其他的比特,作为组成整个宇宙动力学演化的信息处理过程的一部分.

我继续区分着组成苹果的比特,描述它们如何通过一系列过程确定了苹果的各种特征.报告一切顺利.我搞定了“一切源于比特”这个课题,而且承受住了物理学家们的提问,至少我自己这么认为.

完成报告离开讲台时,一个家伙从后面一把抓住了我.原来听众里还真有一个家伙想挑战一下从我手里偷走这个苹果,他是法默(Doyne Farmer),混沌理论的创始人之一,一个高大的运动壮汉.他抓住了我的胳膊,苹果从我的手里掉了下去.为挣脱他,我把他顶在墙上,结果不小心把墙上挂着的分形图片和普韦布洛人(Pueblo)[①]房屋的照片碰掉了.但在我挣脱之前,他把我摔倒在地,我们滚在一起,并顶翻了椅子.这下好了,苹果不见了,全部变成了比特.[②]

① 译者注:普韦布洛人(Pueblo)是印第安人的一支,他们的房屋像一种分形结构.

② 译者注:作者貌似和惠勒打过赌,所以做了这个恶作剧报告,结尾还不忘和好朋友打闹一番.

目　录

第二篇　进阶之路

第一篇

整体图景

第1章 引　　言

这本书介绍的是关于宇宙和比特的故事.宇宙是最大的事物,比特是最小的信息块.宇宙由比特组成.每一个分子、原子和基本粒子都携带着若干比特的信息.这些宇宙的组成粒子之间的每一次相互作用,都会通过改变比特来处理信息.于是,宇宙一直在计算.由于宇宙依照量子力学的规律在运行,所以它本质上就依照量子力学的规律来计算,它的比特就是量子比特.宇宙的历史,就等效于一个巨大的正在运行中的量子计算,宇宙本身就是一台量子计算机.

那么问题来了:宇宙在计算什么?它在计算它自己!宇宙在计算着自己的行为.宇宙在诞生之初,就开始了计算.起先,它产生比较简单的模式,包括那些基本的粒子和那些基本的物理定律.随着时间的推移,它处理了越来越多的信息,于是宇宙就编织出了更错综复杂的模式,包括星系、恒星和行星.生命、语言、人类、社会、文化——它们的存在全部得益于物质和能量本身处理信息的能力.宇宙的计算能力解答了自然界最神秘的问题:复杂系统,比如生命体,是如何从最基本的物理定律诞生的?这些定律允许我们预测未来,但仅仅是在概率的层面上,而且是宏观的.宇宙的量子计算本性说明,未来的细节在根本上无法预测.它们只能通过宇宙那么大的计算机计算出来.否则,发现未来的唯一方法就只有等着看会发生什么.

请允许我介绍一下自己.早年,我生活在一个养鸡房里.当时,我的父亲给马萨诸塞州林肯郡的一名家具工匠做学徒,养鸡房就在谷仓的后面.我的父亲把养鸡房分隔成了两个房间.于是,鸡曾经栖息的地方变成了我和我哥哥的床铺(我的弟弟躺在摇篮里).每到夜里,我的母亲就会唱歌给我们听,把我们塞进被窝,关上通向养鸡间的门,我们就舒舒服服地躺在床上看着窗外的世界.

我最早的记忆,就是看到火焰在铁丝网编织的垃圾桶里映射出钻石形状的图案,吓得我抱住了母亲的腿,当时我只比母亲的膝盖高一点.我的父亲在一边放着画有日本武士的风筝.那之后,记忆便快速积累.每一个生物对世界的感知都是独一无二的,并汇集成了不同的细节和结构.不过,我们仍然生存在同一个空间,被同样的物理定律主宰.在学校,我认识到其实主宰这个宇宙的物理定律竟然如此简单.为什么窗外错综复杂的世界实际上却是那些简单的物理定律产生的结果呢?我决定去研究这些问题,于是花费了多年时间来学习这些自然定律.

帕格尔斯于 1998 年夏天在科罗拉多州的一次登山事故中遗憾去世.他是一位出色的反传统的思想者,一直倾向越过科学的传统边界.他鼓励我去开发能精密测量系统的复杂程度的技术.不久,在盖尔曼教授的指导下,我在加州理工大学学习了量子力学和粒子物理学,就是它们为整个宇宙设计了程序,并为其复杂性埋下了种子.

现在,我是麻省理工学院的一名机械工程学(mechanical engineering)教授.但是我并没有受过正式的机械工程学训练,也许称我为一名“量子力学工程学”(quantum-mechanical① engineering)教授更为贴切.量子力学是物理学中研究最微观尺度物质和能量的分支.量子力学之于原子就像经典力学之于机械工程.从根本上说:我在做原子工程.

1993 年,我发现了一个制造量子计算机的方法.量子计算机是利用每一个单独原子、光子或基本粒子的能力来处理信息的设备.它们的计算方法是那些经典计算机,譬如 Windows 电脑或苹果电脑所不具备的.在学习怎么让原子和分子这些宇宙中的微小片段来计算的过程中,我逐渐开始感激作为整体的宇宙内在所具有的信息处理能力.我们身边这个复杂的世界,就是宇宙本身处于量子计算之中的表现.

当今的数字化革命仅仅是历史上多次信息处理革命中最近的一次.信息处理革命可追溯到语言的发展、性别的演化和生命的出现,甚至追溯到宇宙的诞生时期.自大爆炸产生宇宙的信息处理能力以来,每一次信息处理革命都为下一次乃至后面所有的信息革命创造了条件.计算中的宇宙必然地产生了复杂性,生命、性别、大脑以及人类文明的出现不仅仅是偶然.

---

① 译者注:在英文中,mechanical 有“力学的”和“机械的”两层含义.

1.1 量子计算机

量子力学是神秘莫测的. 波表现得像粒子，粒子也表现得像波；事件可以一次出现在两个地方. 也许在微观世界中，这种反直觉的事情并不稀奇. 但是我们人类的感官是为了对付远远大于原子尺度的宏观世界而发展出来的，所以量子世界的神奇始终让我们觉得不安. 量子力学之父玻尔(Niels Bohr)曾经说过，如果一个人觉得自己在思考量子力学时丝毫不感到茫然，那是因为他根本就没弄懂.

量子计算机利用“量子力学的怪异”来解决那些经典计算机无法解决的复杂问题. 量子比特，英文简写为 qubit，可以同时取值 0 和 1(而经典比特的取值只能要么是 0，要么是 1)，一台量子计算机可以同时实现上百万个并行计算.

量子计算机处理那些以单个原子、电子或者光子为载体的信息. 一台量子计算机就是一个信息民主社会：每一个原子、电子和光子平等地参与携带和处理信息的过程. 这种基本的“信息民主”并不只局限于量子计算机. 所有的物理系统根本上都是量子力学系统，都会携带和处理信息. 我们的世界由基本的粒子构成，如电子、光子、夸克等. 一个物理系统的每一个基本片段都会携带一块信息：一个基本粒子就是 1 比特信息. 当这些粒子相互作用时，就会 1 比特接 1 比特地交换和处理信息. 每两个基本粒子之间的碰撞，都可以看成是一个基本的逻辑操作，或者说是一个运算.

想从比特的角度了解一个物理系统，我们就需要从细节上了解这个系统的每一个单元是如何携带和处理信息的. 如果我们能够理解一台量子计算机是怎么做的，那么就能理解这个物理系统是怎么做的.

量子计算机的构想，早在 20 世纪 80 年代初就由本内夫(Paul Benioff)、费曼(Richard Feynman)、多伊奇(David Deutsch)和其他物理学家提出了. 在他们最初的讨论中，量子计算机只是个全然抽象的概念：没人知道怎么制造它. 20 世纪 90 年代初，我提出了如何用现有的物理实验技术来构造量子计算机. 在过去的 10 年中[①]，我与一些世界上最出色的科学家和工程师们合作，设计、制造并操作

---

① 译者注：因为本书英文版出版于 2006 年，所以此处的“过去的 10 年”事实上应再加 14 年.

量子计算机.

有很多原因促使着我们去制造量子计算机. 第一个原因是我们可以做到. 量子技术,即在原子尺度上操纵物质的技术在这些年发展迅猛. 我们现在有足够稳定的激光发生器,足够高精度的机械加工技术,以及足够快的电子元件可以在原子尺度上实现量子计算.

第二个原因是我们必须做到,如果我们想要保持生产更快更强的计算机的势头. 在过去的半个世纪,计算机的运算能力每 18 个月就会翻一番. 这就是人们常说的"摩尔定律". 该定律在 20 世纪 60 年代由当时英特尔(Intel)公司的 CEO ——摩尔(Gordon Moore)提出. 摩尔定律并不是自然定律,而是对人类能力的估计. 计算机的运算速率每 18 个月就会翻一番的原因是,每 18 个月电子工程师们就能够制造出只有原来一半大小的导线和逻辑门. 每当这些电子元件的尺寸缩小二分之一时,同样大小的集成电路上的电子元件数量就会增加一倍,于是计算机的运算速率每 18 个月就会提高一倍.

当把摩尔定律放到未来,你就会发现 40 年后构建计算机的导线和逻辑门就会达到原子尺度,到那时摩尔定律就失效了①. 如果想让摩尔定律继续有效,我们就要学习如何在原子尺度上制造量子计算机. 量子计算机代表了电子元件微型化的极限.

我和我的同事们制造出的量子计算机就已经达到了这个目标,即每一个原子携带 1 比特信息. 但直到今天,我们也只能制造出非常小的量子计算机,即无论尺寸还是计算能力都非常小. 目前,人类能够在实验室制造出来最大的量子计算机,只有 7 到 10 量子比特②,每秒只能实现上千量级的量子逻辑门运算. (相比之下,目前一台普通的台式计算机就能携带上千亿比特信息,每秒钟可实现 10 亿以上的经典逻辑门运算.)我们现在已经擅长用原子尺度的元件制造非常小的量子计算机,但是还不擅长用原子尺度的元件制造很大的量子计算机. 从 10 年前我们构建出第一台量子计算机开始,它所能携带的量子比特在数量上大概每两年翻一番. 即便这个速度能够保持下去,我们仍然需要 40 年才能使量子计算机携带的量子比特数量赶上现在一台普通计算机携带的经典比特数量. 因此,量子计算机距离个人电脑还非常遥远.

---

① 译者注:因为我们不可能造出比原子还小的电子元件.

② 译者注:2019 年 Google. 已经提高到 53 量子比特.

第三个制造量子计算机的原因，是它能够帮助我们更好地理解宇宙是如何携带和处理信息的．理解自然规律的最好方式，就是制造和使用一台能显示这一规律的机器．一般情况下，我们先制造出机器，然后才了解它背后的自然规律．例如，在我们发现角动量守恒定律之前，车轮和陀螺就已经存在了好几千年．投石器也早于伽利略(Galileo Galilei)的运动定律．棱镜和望远镜同样出现在牛顿发现光学之前．蒸汽机更是先于瓦特(James Watt)的变速装置和卡诺(Sadi Carnot)的热力学第二定律．既然量子力学那么难懂，为什么我们不先制造一个受量子力学定律支配的机器呢？摆弄这个机器也许能够帮助我们更好地理解量子力学，就像一个玩陀螺的小孩最后理解了支配这个陀螺的角动量守恒定律一样．在不清楚原子行为的情况下，这种量子计算机“玩具”也能够让我们越来越多地了解物理系统是如何记录和处理信息的．

最后一个制造量子计算机的原因是它很有趣．在本书接下来的内容中，你将看到很多世界知名的科学家和工程师：加州理工学院的金布尔(Jeff Kimble)，世界上第一个基于光子的量子逻辑门的创造者；美国国家标准局的瓦恩兰德(Dave Wineland)[①]，制造了世界上第一台简单的量子计算机；荷兰代尔夫特理工大学的穆易(Hans Mooij)，他的团队最早实现了基于超导电路的量子比特；麻省理工学院的科里(David Cory)，制造了第一台基于分子的量子计算机，这台量子模拟计算机可以进行的一些计算需要一台比宇宙还要大的经典计算机才能完成．一旦知道量子计算机是如何工作的，我们就能知道整个宇宙的计算容量究竟会有多大．

1.2 大自然的语言

进行计算时，宇宙毫不费力就能编织出那些错综复杂的结构．想了解宇宙如何计算，由此更好地了解这些复杂的结构，我们就必须了解宇宙是如何记录和处理信息的．也就是说，我们必须学会大自然的底层的语言．

想象我自己是一位原子按摩师——作为一位麻省理工学院的量子力学工程学教授，我的工作就是把电子、光子、原子还有分子按摩到它们能够进行量子计算和量子通信的特殊态上．原子小而

① 译者注：2012年诺贝尔物理学奖获得者．

强，富有弹性又极其敏感. 很容易就能与它们交谈上（比如敲一下桌子就是和上百亿亿个分子交谈过了），但是听不出它们说了什么（我打赌除了一声响之外，你不知道桌子说了什么）. 原子们不在乎你，只一味地沉浸在自己一直在做的事情当中. 但是如果你用正确的方式给它们"按摩"，它们就会被你的魅力折服，为你做计算.

不只是原子具有量子计算能力，光子（光的粒子）、声子（声音的粒子）[①]、量子点（人工原子）、超导电路——这些微观系统都可以记录信息. 如果你用它们的语言和它们友善地对话，它们就会为你处理信息. 这些系统说哪种语言？如同所有的物理系统一样，它们说的是能量、力、动量、光和声、电和引力. **物理系统的语言以物理定律为语法**. 在过去的 10 年中，我们已经把和原子交谈的语言学得足够好了，使它们心服口服地为我们计算和输出结果.

"和原子说话"有多难？想要做到流利交谈，你需要耗费一生的时间. 和本书中出现的那些科学家以及量子工程师相比，我自己是一个糟糕的原子对话者. 但如果只是想做到能够进行简单地交流，那并不太难.

如同所有语言一样，原子的语言也是越年轻越容易学习. 在麻省理工学院，我和彭菲尔德(Paul Penfield)一起教授一门面向大一新生的课程"信息和熵". 这门课程的目的就是揭示信息在我们宇宙中扮演的最基本的角色. 50 年前，麻省理工学院的大一新生要学习内燃机、齿轮、杠杆、动力轴、滑轮等这些知识. 25 年前，大一新生要学习真空管、晶体管、收音机、电子线路等. 现在，世界充满了计算机、硬盘驱动器、光纤、带宽、音乐和图片编码等. 对今天的大一新生来说，他们的前辈生活在到处充满机械和电子技术的世界里，而他们自己则生活在一个充满信息的世界里；他们的前辈对力和能量、电压和电荷等了解了很多，而他们自己对比特和字节知道得很多. 因为我们课堂上的这些大一新生已经对信息技术有了很多了解，所以我们就可以教授他们一些新科目，包括那些以前只教授给研究生的量子计算.（我的一些机械工程系的同事曾抱怨现在的大一新生螺丝刀都不会用. 这显然不是实情，这些学生起码有一半曾用螺丝刀打开过自己的电脑安装内存条.）

作为国家自然科学基金资助的项目的一部分，我开设了一门课程来教授小学一年级和二年级的孩子们如何在微观尺度下处理信息. 现在，六七岁的孩子们已经懂得如何用电脑来搜集知识. 看

---

① 译者注：凝聚态物质中对应晶格振动的准粒子.

上去，他们学习比特和字节的概念一点都不吃力. 当让他们玩一个把原子放到量子计算机里的模拟游戏时，孩子们做得又轻松又准确. 我们这一代人诞生在本次信息处理革命之前，尽管如此，我们从信息的种类和重要性方面的获益一点不比这些沉浸在比特中的年轻人少. 无论老少，读完这本书，你就会知道如何使用全世界通用的机器和大自然的语言，让原子们实现简单的量子计算.

1.3 信息处理革命

宇宙暗藏的信息处理能力在历史上催生了一系列信息处理革命(图 1.1). 我们眼下正处于一次革命当中，一次由高速的电子计算技术发展带来的革命，正如摩尔定律所描述的一样. 量子计算机将是这次革命的升级. 我们这次革命尽管汹涌跌宕，但是其实它既非最早的一次，也不是最重要的一次.

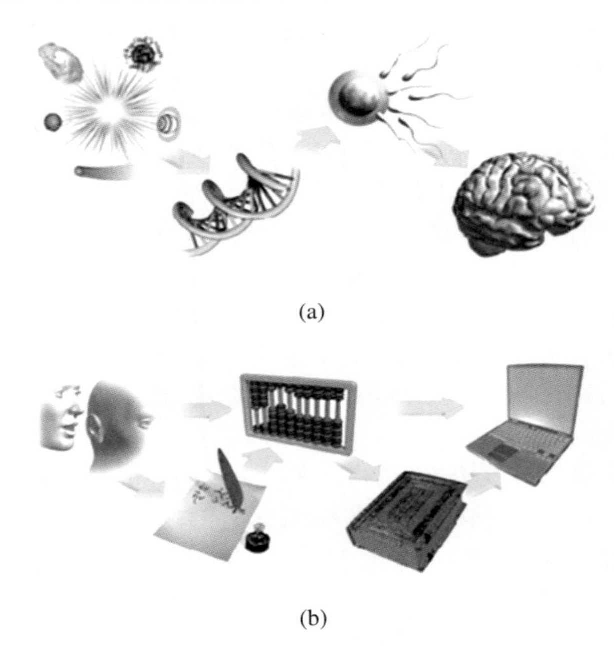

(a)

(b)

图 1.1 比特的出现

宇宙的历史可以被看成是一系列的信息处理革命，每一次革命都建立在上一次革命产生的技术的基础之上.

自然数 0 的发明就是一次伟大的革命. 古巴比伦人发明了 0，并通过阿拉伯世界继续传播. 0 可以用来表示十进制的数量级(比如 10,100,1000 等),这是阿拉伯数字和罗马数字的一个不同点(罗马数字用单独符号表示十进制数量级,比如 X=10,C=100,M=1000).尽管看起来只有些许不同,但阿拉伯数字的发明对数学上的信息处理异常重要.(至少对商业交易的透明度来说很重要.试想一下如果安然(Enron)[①]公司这种大企业用罗马数字做假账,没准就能侥幸逃脱破产的命运了!)阿拉伯数字的起源和算盘的起源有共通之处.算盘是一种简单有力的计算工具,由几列可以移动的珠子组成,第一列代表 1,第二列代表 10,第三列代表 100,依此类推.一个拥有 10 列珠子的算盘可以做 10 亿数量级的计算.

但是 0 的出现,在处理大数字时比算盘更有力.实际上,看起来算盘早于 0 的出现.zero 这个单词来自于意大利语 zefiro,是拉丁语 zephirum 的变体.古法语为 cifre,阿拉伯语为 sifr,梵文为 shunya,意思是空无一物.在阿拉伯数字中,0 是一个位置把持者,能使写出的大数字(10,100,1000,…)变得更简单.空无一物是个厉害的招数.也许正是由于它的力量过于强大,0 总是被怀疑不自然.实际上,0 是一个棘手的抽象概念,但当算盘的所有算珠落到最低时,它就简单而具体地代表着 0.

算盘的出现表明信息处理革命不能与信息表达及处理的潜在机制或技术相分离.信息处理技术(比如算盘)与计算观念的突破(比如 0 的出现)是分不开的.

再往回 1000 年,我们会看到一次更伟大的革命:书写.人类最早的书写是刻在陶器或者石头上的.书写是语言的具体化.它使得大规模的社会组织、契约、经文和书本得以出现.在时间的长河中,书写经历了从石头到纸张再到电子的过程.从法令到诗歌再到霓虹灯(广告牌),每一次书写表现形式的变化,都源自于文字展现技术的变化.

而大概在 10 万年前,语言的产生对我们这个物种来说是最重要的一次信息处理革命.化石记录显示,语言的发展得益于人脑负责语言处理部分的快速进化.我们可以把大脑中这些新的神经回路以及与之相伴的声带发展,看成是一个自然演化出来的“技术”或者机制,它使得语言成为可能.这种附加的神经技术显然还促使语言变得具有明显的普遍性,使得我们具有了用一种语言来表达的能力.至少,是语言使人类形成独特的社会组织形式,让我们这个物种获得了今天的成功.

① 译者注:安然(Enron)曾是世界上最大的能源、商品和服务公司,2001 年破产.

再往回追溯，就是那些我们还未讲到的重大的信息处理革命．大脑和中枢神经系统又是自然演化的胜利，它们使得我们身体可以转换来自外界的信息，并在有机体内的不同部分之间交流．多细胞组织的发展主要就来自于大量细胞之间和细胞内部的信息传递的突破．每一次成功的基因突变，每一个物种的出现，都建立在信息处理的基础上．但是对于更重要的一次革命，可以说导致了前述所有革命，需要我们把时间再往前推 10 亿年，回到性别出现的时候．

性别的出现真的是一项杰作，一个巨大的成功，虽然第一眼看上去像是一件坏事情．为什么说坏？因为它让生命体承受了丢失有价值信息的风险．一个成功的无性生殖细菌会不断地复制自己，丝毫不差地把基因传给后代（不计偶发突变）．但如果一个生物体有性别，它的基因及其性伙伴的基因会一起提供给后代，这个过程叫作重组．由于该后代的基因一半来自父体一半来自母体，再加上打乱的过程，无论父体与母体哪一方的独特组合多么成功，它们的基因都不会和父体或母体一模一样．有性生殖从来无法传递一个稳定的基因组合，性别造成的混乱却带来了成功．

为什么说它成功？从自然选择的角度来讲，它在兢兢业业复制个体基因的同时又使得生命体的基因变数增大．假设世界变得更热，一个过去一直都成功的无性生殖细菌，会发现自己处于一个不利环境，而它此前所产生的适应良好、几乎完全相同的后代都会陷入这个不利环境当中．

对细菌来说，没有性别，唯一改变基因的方法就是由生殖编码错误或环境影响而引起的突变．但大多数突变都是有害的，会让细菌变得更糟糕．当然也许最后运气好，会突变出适合高温生存的细菌．无性繁殖确实存在问题，因为支配世界的原则“不变则亡”直接和生命的原则“保持基因组纯正”相矛盾．在工程学领域，这种矛盾被称为是耦合设计，即系统的两个功能相冲突，不可能在调整其中一个的同时不对另一个产生负面影响．相比较而言，对有性繁殖来说，采用内部竞争或者重组的方式，能够提供一个大的变化范围，同时还能保持基因的完整．

想象一个只有一千个居民的小镇．把所有可能的交配组合和基因的可能重组方式都计算上（按照那些电视剧的路子，他们常这么干），这小镇还真是个大基因库，能产生的基因多样性相当于数十亿的细菌．这种多样性是很有益的：如果一次瘟疫袭击了小镇，那些有可能幸存下来的人，会把他们的基因传给他们的孩子．除此之外，以性的方式传递的基因多样性是在不破坏基因组的情况下出现的. 通过分离具有特定功能的单个基因，使性在维持基因组完整性的同时也允许更大的多样性出现. 因此，“性”不仅是乐事，还是很好的工程实践.

让我们再把时间往前追溯，来到所有信息处理革命的源头——生命本身. 从地球上最早出现生命到现在，时间大概是宇宙年龄的三分之一（别的星球上是否有生命我们目前还不知道）. 生物体拥有基因，像DNA这样的生物大分子里的原子序列就编码着信息. 一个基因携带的信息量是可测量的：人类基因组大概拥有60亿比特的信息. 生物体把它们的基因信息传给后代，偶尔以变异的形式. 越善于把基因信息传给后代的生命体越成功，而无法把基因传给后代的生命体就灭绝了. 给生命体带来繁殖优势的基因可以代代相传，尽管携带该信息的生物体会经历出生、生殖和死亡.

随着代代相传，基因信息也经历了自然选择的考验. 基因及其复制和生殖的机制是生命体最关键的信息处理技术. 生命体的基因信息处理能力秒杀了人造计算机的信息处理能力，而且会在很长一段时间里维持这种局面.

毫无疑问，生命的出现是一次重大革命. 那么还有什么革命比生命的起源更加充满力量和美丽呢？只能是更早的信息处理革命，即一切的源头——宇宙的起源了. 每一个原子，每一个基本粒子都携带着信息. 原子间的每一次碰撞，宇宙的每一次变化，无论多小，都是信息处理的典范.

宇宙的计算能力成为后来所有信息处理革命的基础. 当一个物理系统拥有初步的信息处理能力，比如同时简单操作几比特，那么随便什么其他的复杂信息处理过程，都可以建立在这些基本操作上. 物理定律允许在量子力学水平上的简单信息处理：一个粒子即1个比特；一次碰撞即一个操作. 我们周围那些复杂的信息处理形式，如生命、生殖、语言、社会、电子游戏，全都建立在对量子比特做简单操作的基础上. 每一次信息处理革命都伴随着新的技术出现，如计算机、书写、大脑、DNA. 正因为存在这些技术，信息才得以有规律地被记录和处理.

伴随着宇宙大爆炸的信息处理而出现的那个技术是什么？什么样的机器在宇宙计算中处理信息？想看到这个活生生的信息处理技术，你只需睁开眼睛环顾四周，这台承担着全宇宙计算任务的机器，就是宇宙本身！

第2章 计　　算

2.1　信息

和以前一样，在麻省理工学院教授信息学研究生课程时，我会和这些20多岁的学生们做个小互动．开始时，我说："你们可以先问问题，然后我来回答．如果你们不问，那我就开始提问．如果你们答不出我的问题，我就会教你们一些你们应该掌握的知识．开始吧，请提问．"

等了一会，没人提问．

有点不对劲．通常，麻省理工学院的学生非常乐意挑战教授，尤其是当这个教授试图挑战他们的时候．算了，还是我来吧．我说："没人提问？那请听我的问题：什么是信息？"

场面更糟了，没人回答．这帮学生从大一到现在学了很多信息方面的知识．如果他们实在不回答，那我只能跳到下一步了．

"好，换个问题，信息的单位是什么？"

这下，全班都开口了："比特！"

孩子们的回答，或者不回答，代表着什么呢？这说明测量信息比定义信息更容易．也就是说，一般"有多少"比"什么是……"更好回答．比如，它含多少能量？它值多少钱？这些问题通常有精确的且能够给出的答案．

"什么是比特？"我接着问．台下纷纷回答起来，"0或1！""硬币正面或背面""是或否！""真或假！""二选一！"．

这些答案都对．"比特"的意思就是"二进制数位"．"二进制"意味着两个基本单元，比特就是二选一．通常，两个基本单元用0和1表示，不过其实所有的二选一（冷/热，黑/白，进/出）都可以记为1个比特．

比特是最小的信息单位．抛一次硬币就产生了1个比特：正面或背面．2个比特就代表更多的信息．抛两次硬币就会有4种组合：

正面—正面，正面—背面，背面—正面，背面—背面. 同样，抛三次硬币共有 8 种组合.

如果你不断地增加抛硬币的次数，组合的数量也会急剧增加. 实际上，每抛一次硬币（记住：每抛一次产生 1 个比特），总的组合数量就会翻一番. 因此，为了计算给定情况下的可能结果数，你只需把 2 不断相乘，幂数为比特数即可. 比如，10 个比特就是 2 的 10 次方，结果是 1024 ($2 \times 2 \times 2 \times 2 \times 2 \times 2 \times 2 \times 2 \times 2 \times 2 = 2^{10} = 1024 \approx 10^3$).

换一种方式表达，二进制里 10 个比特大约和十进制里的三位数相对应，按照我们惯常的计数方法，就是从个位数到十位再数到百位. 测量信息量很简单，就是数数. 数有多少比特更简单，虽然没十进制的数数常用. 但十进制里从 0 数到 9 很容易：0，1，2，3，4，5，6，7，8，9. 好，到这里你就需要进位了，下一个数就是写下 1，后面再加个 0. 数字 10 在十位上有一个数字 1，在个位上有一个数字 0. 接下去的 11，就是十位和个位都有一个 1. 你可以这样一直数到 99. 这时候就数到了 100，百位上有个 1，十位上有个 0，个位上有个 0（回想一下，5 岁左右的自己第一次学的时候掌握这种数数法可没那么简单）.

数有多少比特也是这么数. 0 是 0，1 是 1. 到这里，我们该进位了，下一位就是 10，等于十进制里的 2. 10，这里就是在“1”位上是 0，在“2”位上是 1.（用 10 代表 2 是二进制算法给初学者带来的最大困扰，就像一个笑话里说的：世界上有 10 种人，一种懂二进制，另一种不懂二进制.）再下一个组合是 11，等于十进制里的 3：个位和十位各有一个 1. 这样，两位数之内的数字就数完了.

再往下是 100，等于十进制里的 4：“4”位上有个 1，在“2”位上有个 0，在“1”位上也有个 0. 下一个 101，等于十进制里的 5（“4”位上一个 1，“1”位上一个 1，$4 \times 1 + 1 = 5$）. 同理，$110 = 6$，$111 = 7$，8 用 4 个比特来表示：1000，“8”位上一个 1，其余位上全是 0. 与十进制相比，二进制在每个数位上只有 2 个比特，于是对于同一个数，其二进制的长度要比十进制的长很多.

就像十进制里 10 的乘方（十、百、千、万、十万、百万等）对于记数来说很重要一样，二进制里 2 的乘方对于比特记数也很重要：$1 = 2^0 = 1$，$10 = 2^1 = 2$，$100 = 2^2 = 4$，$1000 = 2^3 = 8$，$1000 = 2^4 = 16$，$10000 = 2^5 = 32$，$1000000 = 2^6 = 64$，$10000000 = 2^7 = 128$. 厨师们应该比较熟悉这些数字，因为一些英制的体积计量系统就相当于二进制系统（图 2.11）：8 盎司是 1 量杯，16 盎司是 1 品脱（美国的品脱,就像俗语“1 品脱就是 1 磅”(a pint's a pound the world around)讲的那样,约为 1 磅[①],而英制的 1 品脱是 20 盎司,金衡制的 1 品脱是 12 盎司),32 盎司是 1 夸脱,64 盎司是半加仑,128 盎司是 1 加仑.[②]二进制数字不会比用盎司、夸脱、加仑来表示计数更难.例如,146 盎司就是 1 加仑加 1 品脱加四分之一量杯,128+16+2=146.用二进制表示,146 就是 10010010,在“加仑”位上一个 1,在“品脱”位上一个 1,在“四分之一量杯”位上一个 1,其余都是 0.把一个十进制数变成二进制数,就和使用量勺差不多.

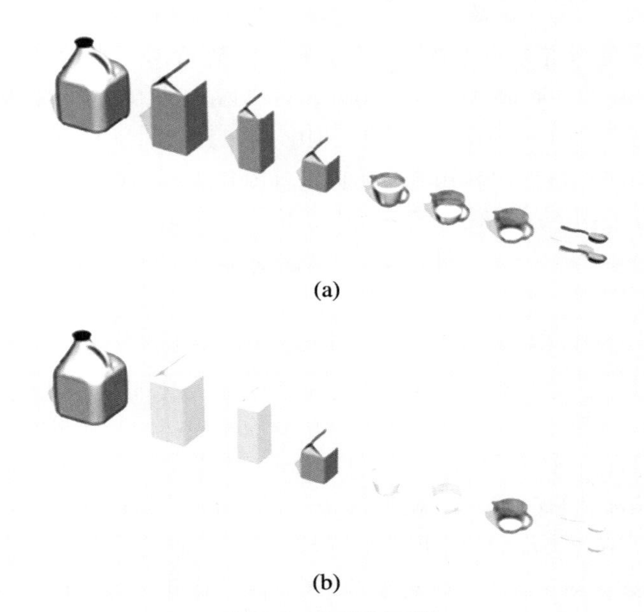

(a)

(b)

图 2.1　二进制记数

(a) 美国的体积计量系统就相当于二进制系统;(b) 在英制的体积计量系统中,146 盎司就是 1 加仑加 1 品脱加四分之一量杯,用二进制表示,就是 146=10010010.

二进制的记数就这么简单(也许对初学者来说需要花一点时间),二进制运算也同样这么简单.所有二进制加法无非是 0+0=0,0+1=1,1+1=10.二进制乘法更简单,0×0=0,0×1=0,1×1=1.二进制很美妙!

不仅如此,二进制也非常实用.由于二进制记数法的简洁特

---

① 译者注:美国的品脱还分为干量品脱和湿量品脱,要注意它是一个体积单位,1 磅是折合为重量之后的近似.

② 译者注:在英制中,1 盎司=28.4 毫升,1 美式加仑=0.833 英式加仑=3.79 升,1 英式加仑=1.201 美式加仑=4.55 升.

性,用简单的电子线路就可以实现二进制运算.这些电子线路相应地就成了数字计算器的基础.我们也许无法给信息一个确切的定义,但毫无疑问我们可以使用它.

2.2 精度

“如果有无限种选择该怎么办?”一个学生问,“比如,0 和 1 之间就有无限个实数.”

“如果你有无限个选择,你就有无限的信息.”我回答.

就像二进制数:1001001, 1101110, 0100000, 1110100, 1101000,1100101,0100000,1100010,1100101,1100111,1101001,1101110,1101110,1101001,1101110,1100111. 在 ASCII 码(American Standard Code for Information Interchange,即美国标准信息交换码)中,每一个字母或者文字都对应一个 7 比特的二进制编码.

在 ASCII 码中,以上的二进制数对应如下编码:I=1001001, n=1101110,(空格)=0100000,t=1110100,h=1101000,e=1100101,(空格)=0100000,b=1100010,e=1100101,g=1100111,i=1101001,n=1101110,n=1101110,i=1101001,n=1101110,g=1100111.它就是这条信息“In the beginning was the word…”的开头部分.用更多比特,你可以构造出一个很长很长的二进制数去对应整个《约翰福音》(*Gospel According to John*).再加更多的比特,你就可以把《圣经》(*The Bible*)的余下部分都对应进去了.《古兰经》(*The Koran*)、《法华经》(*The Lotus Sutra*)、国会图书馆里所有的书等等,也都可以.所以无限种选择对应一个无限大或者无限多比特的数字,换言之,就是无限的信息.

可是在现实中,一个有限系统的选择都是有限的,所以信息也都是有限的.一般地,我们认为长度、高度、重量等物理量都是连续的,就像 0 和 1 之间有无限个实数一样,0 米和 1 米之间自然也有无限个可能的长度.一个连续的物理量,比如一根金属杆的长度,能用有限的信息来描述,其原因在于这些物理量可以在一定范围的精度内定义.想要理解精度和信息之间的权衡,来看看下面这个例子.比如用米尺测量一根金属杆的长度.米尺是木头做的,上面刻了 100 个厘米的刻度并标上了数字,还刻了 1000 个毫米的刻度,但是已经没有足够的地方来标数字了.用这个米尺你可以把金属杆的长度测量到毫米的精度，但1毫米以下就无法用它测量了，因为它的最小刻度只有1毫米. 所以对这个米尺来说，可做的选择只有1000个，对应着三位数的精度或者约10比特的信息.

有一根闻名遐迩的金属杆，就是由铂铱合金制成的、放在巴黎国际重量和测量标准局几乎长达一个世纪的那个"米"的基准杆. 1米最开始被定义为沿着巴黎的子午线、从北极点到赤道的距离的千万分之一. 用我们的米尺测量这根金属杆，长度是1米，误差是0.5毫米.

如果换一个比米尺精度更高的测量仪器，就有可能得到这根金属杆更多比特的信息. 用显微镜的话，精度就会提高到可见光的波长，即略小于1微米(1微米是1米的百万分之一). 于是，杆的长度也可以精确到微米，即6位数的精度，信息大约是20比特. 用一个干涉仪测量杆的长度，也可以得到这个精度，这是一种以光的波长来测量长度的仪器. 精度为1微米波长的干涉仪，可量得杆的长度约为100万个波长[①].

更小的测量单位意味着更高的精确度. 原则上，我们甚至可以用一种叫作原子力显微镜的仪器来测量这根杆的长度. 该仪器可以给固体表面的原子成像，看看沿着这根杆有多少个原子排列. 原子之间的距离约是一百亿分之一米(10^{-10}米，称为埃). 这样我们就有了10位数的精确度，杆的长度大概含33比特的信息.

想要对宏观物体(如这根杆子)做更高精度的测量就太困难了. 某些情况下，有可能以更高的精度水平来测量距离，例如在物理学家拉姆齐[②]测中子里电荷分布的实验中，可以精确到一千亿亿亿分之一米. 一个测量仪器能测量出的值的数量，等于它的量程(比如1米)除以其精度(比如1毫米). 能获取的信息数量取决于测量这些能获取的值所需的比特数. 如果一个仪器对一个连续变量能获得33比特的信息(即10位的精度)，就已经是非常非常好的仪器了.

要从我们这根杆的总长度上获取33比特的信息，我们就要把长度测量精确到原子的尺度，要从一个连续物理量上(比如这根杆的长度)获取多于几十比特的信息通常都需要付出非同一般的努力. 相反，如果用很多独立的物理量来携带信息，我们很快就可以积累许多比特；为了得到33比特，就需要33个原子. 在一台量子计

---

① 译者注：人眼可见光的波长不超过0.8微米，波长为1微米的光在红外线部分.

② 译者注：1989年诺贝尔物理学奖得主.

算机中，每一个原子携带1比特信息. 我们这根杆上大约有1000亿亿亿个原子. 如果每个原子携带1比特信息，那么这根杆就会携带1000亿亿亿比特信息，远比这根杆的长度所对应的比特数多得多. 总而言之，想获取更多的信息，最好的办法不是增加测量精度，而是测量更多的物理量，尽管每个物理量携带的比特数可能很少. 这种编译比特的方法，或者说是数位表示法，十分有效，因为可选择状态数的增长比比特数本身的增长要快很多.

回忆一下民间故事里的那个国王，他愚蠢地同意用如下方式奖赏他的一位勇士：在64格的棋盘里，第1个格放1粒小麦，第2个格放2粒，第3个格放4粒……到最后，第64个格会有2^{63}粒小麦. 总的小麦数加起来是1000亿亿(2^{64})粒. 如果1粒小麦的直径是1毫米，1000亿亿粒放一起会有40立方千米. 如这个例子所述，用少数比特数就可以标定非常多的可选择的状态数. 比如给棋盘上的每粒小麦都安排一个代号，只需要64比特(即一共有2^{64}个代号). 依此类推，用300比特就可以标定已知宇宙里的所有基本粒子数量($10^{90}\sim2^{300}$).

生物那不可思议的多样性，源于遗传代码那天文数字级别的巨大组合数，但是产生这些代码的信息可以储存在微小的染色体内.

2.3 含义

“不过，信息必须要有含义吗?”一个学生这样问我. 有点麻烦.

“你说的没错，我们谈论信息时一般一定要让这条信息有些含义.”我回答，“但是‘含义’这个词本身的含义并不清楚.”

几千年来，哲学家们都试图找到“含义”本身的含义，但众说不一. 无法形成一个固定说法的原因在于，一条信息的含义往往取决于怎么去解读它. 如果不懂得怎么解读，这条信息对你来说就无意义. 例如，我对你说“yes”，如果你没问我问题，你根本不知道我这个“yes”是什么意思. 如果你问我：“我能再来块蛋糕吗?”我说“yes”，你就明白我的“yes”是什么含义了. 但如果你问“2加2等于几?”我回答“yes”，你又懵了，不知道我说“yes”的含义(你甚至会怀疑无论问什么，我都会如此回答). 如果我回答“4”，你就明白我说的含义了.“含义”有点像爱情：只有当你看到它的时候，你才明白它.

回想一下我们之前看到的那串二进制数:1001001,1101110,0100000,1110100,1101000,1100101,0100000,1100010,1100101,1100111,1101001,1101110,1101110,1101001,1101110,1100111.用ASCII码解读的话,这串数字的意思是"In the beginning".但是如果仅考虑它本身,我们就不知道它的含义了,它只不过是一串数而已.所以,信息的"含义"一定是和解读的方式相联系的.就像爱丽丝和矮胖子(《爱丽丝梦游仙境》中的人物)之间的对话:

"我不知道你说的'荣耀'是什么意思."爱丽丝说.

矮胖子不屑地笑道:"你当然不知道,除非我告诉你.我的意思是'那里有一个激烈的争论在等着你'."

"但是'荣耀'的意思并不是'一场激励的争论'啊."爱丽丝反驳.

"每当我用一个词,"矮胖子用轻蔑的语气说,"它的含义仅仅是我让它有的含义——不多不少."

"问题是,"爱丽丝说,"你是否可以把一个词赋予这么多的含义."

"问题是,"矮胖子说,"谁说了算就听谁的."

《爱丽丝梦游仙境》(*Alice's Adventures in Wonderland*)和《爱丽丝镜中奇遇记》(*Through the Looking-Glass, and What Alice Found There*)的作者卡罗尔(Lewis Carroll),其真名是道奇森(Charles Dodgson),是一位知名的哲学家.道奇森非常乐于让一个词具有他想让它具有的含义.

通常,表达含义对解读的依赖性时会用到维特根斯坦(Ludwing Wittgenstein)的"语言游戏"概念.在这个游戏里,词语的含义由游戏者来尝试找出.维特根斯坦的哲学研究是从一个简单的语言游戏开始,一个建筑师向他的助手要以下几样东西中的一个:一个障碍物、一根柱子、一块板和一根梁.如果他说"障碍物",助手就递给他一个障碍物.如果他说"板",助手就递给他一块板.在这个最简单的语言游戏里,我们知道助手明白建筑师说"障碍物"时,意思是"递给我这个障碍物".

当语言游戏变得更复杂时,"含义"的含义也会随着游戏的变化变得越来越难掌握.一方面的原因是人类的语言经常是模糊的,一个陈述经常有多种可能的含义;另一方面的原因是我们没有完全理解大脑是如何回应语言的,当我们知道"障碍物"意思是"递给我这个障碍物"时,我们不知道听者的大脑了解这个含义时的生理机制.所以最好是给出一个情境,一条信息在其中只有一种解读方法，与此同时给出回应的机制也是完全已知的.

计算机就给出了这样的一个机制. 计算机能够回应的语言称为计算机语言(如 Java、C、Fortran、BASIC 等). 这些语言仅包含了简单的命令，如 PRINT 或 ADD，这些命令组合在一起就可以让计算机做复杂的任务. 从维特根斯坦的观点来看，一条信息的含义就在这条信息所引起的回应动作里. 用特定计算机语言书写的一条计算机程序的含义，就在计算机对这个程序的回应动作里. 所有的计算机都是在做一系列基本的逻辑操作，如“与”“或”“复制”(这个后面会提到)等. 计算机程序清楚地让计算机按照这些操作行动. 一个计算机程序的“含义”可以通用，即一个程序在两台具有相同信息处理操作方式的计算机上运行，会得到相同的结果.

计算机程序的清晰性意味着每一条陈述有且仅有一个含义. 如果计算机语言里一条陈述有不同的含义，就会出错；对计算机来说，含义模糊就是漏洞(bug). 相比而言，人类的语言充满了模糊性；除了特定情况，大多数的陈述会有很多潜在的含义. 正因为这样，语言才可以用来写诗和小说，调情和发牢骚. 人类语言的模糊性并不是 bug，而是瑰宝.

尽管含义难以定义，但它仍是信息最有力的特征. 信息的基本原理是一个物质系统(如数字、字母、词语、句子)可以和另一个物质系统相互通信. 信息代表事物. 两根手指可以代表两头奶牛、两个人、两座山或两个想法，一个词语可以代表某个东西(那些我们用语言定义过的东西)：橙子、奶牛、钱、自由. 把词语放进句子，我们就可以表达任何可以用语言表达的事情. 一串词语即可以表达出复杂的思想.

词语可以用来表示想法和事物，同样比特也可以. 信息通过词语或比特来传递，虽然解读才能提供含义.

2.4 计算机

“什么是计算机?”我在课堂上问了这个问题. 没人回答. 真是奇怪，我确定这帮学生在很小的时候就开始用计算机了.

我等了一会儿，终于有一个学生给出了一个答案：“一台操作那些储存成 0 和 1 的数据的机器.”另一个学生不同意:“你说的是数字计算机.模拟计算机呢?它们储存的信息是连续的电压信号.”

最终,每个人都同意一个更广义的答案:计算机就是处理信息的机器.

OK,我又问了第一台计算机是什么?课堂上,学生们踊跃举手:“马克一号”“巴贝奇的机械计算机”“计算尺”“算盘”“大脑”“DNA”.

一只摇动手指的手:“数位!”

很明显,如果你把计算机定义为处理信息的机器,那很多东西都可以像计算机一样.

“现在,”我说,“我们只关注人类制造的、用来处理信息的机器,其他处理信息的机器先放一放.”

计算机最早可以追溯到我们的智人祖先.就像最早的工具一样,最早的计算机也是石头.“calculus”这个词,拉丁文的意思是鹅卵石.最早的计算就是排列石头.石头计算机可以很大.例如,苏格兰的巨石阵很可能就是用星星排列来计算日期的石头计算机.

计算技术会给计算设置极限(想象一下石头和奔腾四处理器的对比).石头计算机可以数数,做加法和减法,但是无法做乘法和除法.如果想处理很大的数,你就需要很多石头.

几千年前,一些人发明了把石头和木头组合在一起的方法,例如把石头放在木头的凹槽里,就很容易前后移动.后来发现如果用珠子代替石头在木棒上移动,不但容易移动,而且也不会丢失.

木制计算机,即算盘,是一种强有力的计算工具.在电子计算机发明之前,一个受过训练的算盘操作员可以比一个加法机的操作员算得更快.而且算盘不仅仅是一个操作珠子的简单机器,它还加入了一个非常有力的数学抽象概念:0.在以表述和操作大数字见长的阿拉伯数字系统中,0 的概念异常重要.算盘就是阿拉伯数字系统的机械实现.不过,两者谁更先出现呢?通过研究“零”这个词的起源和算盘的历史，可以发现算盘出现得更早.[①]有时候，机器会给人类带来好主意.

好主意同时也会带来新机器. 先是石头，然后是木头. 那下一个处理信息的材料是什么？骨头. 17 世纪早期，苏格兰数学家纳皮尔(John Napier)发现一种可以把乘法转换成加法的方法. 他把象牙雕成小棒，在小棒上标记不同的刻度代表不同的数，然后通过滑动小棒对准代表两个数字的刻度来做乘法，两个棒的总长度就给出了相乘的结果. 于是，计算尺就这么诞生了.

19 世纪初，一位古怪的英国人巴贝奇(Charles Babbage)提出用金属做计算机. 巴贝奇的“差分机”就是用齿轮和轴做成的，可以用来计算三角函数和对数. 其中，每个齿轮通过位置记录信息，并且通过与其他齿轮的契合和旋转来处理信息. 尽管整个构造完全是机械的，但是巴贝奇的机器组织信息的方式给予现代电子计算机很大的启发. 因为该机器就带有中央处理单元和用来储存程序和数据的内存板.

尽管英国王室给他投入了很多钱，但是巴贝奇的计划最终还是没有完成. 这是因为 19 世纪初的技术还不足以制造出这个机器中齿轮和轴所需要的精密部件和合金材料.（但是努力并没有白费，巴贝奇聘请的技术人员研发出的精密机械和硬合金制造技术对工业革命的贡献很大.）尽管机械计算器在 19 世纪末已经出现，但是大型计算机的制造一直等到 20 世纪初电子线路技术的发展才得以实现.

1940 年，一场用真空管和机械继电器等电子开关器件制造计算机的国际竞争开始了. 第一台简单的电子计算机于 1941 年由楚泽(Konrad Zuse)在德国制造，随后更大型的电子计算机分别在美国和英国被制造出来. 这些计算机由占据了几个房间的大量真空管、开关电路以及电源组成，但是计算能力很差，仅有我写这本书时使用的普通电脑的百万分之一的计算能力.

尽管早期的电子计算机很费钱，但是合理的流程安排能使它变得很有用. 20 世纪 60 年代，真空管和机械继电器被半导体晶体管取代，半导体开关体积小，性能好，而且耗能更少. 半导体是一种导电能力比玻璃和橡胶等绝缘体好，但比铜等导体差的材料. 从 20

---

① 公元前 1700 年，巴比伦人有了一套先进的“阿拉伯”数字系统，但是没有 0(210 和 21 的写法一样). 最老的“算盘原型”是公元前 300 年的萨拉米斯计数器. 公元 130 年，托勒密最先用 0 来表示无，后来公元 650 年在印度出现了包含 0 的完整数字体系.

世纪 60 年代开始,晶体管被做得越来越小,最后蚀刻到硅片上制成集成电路,即一个小半导体芯片上集成了各种处理信息的必需部件.

20 世纪 60 年代以来,光刻技术,即制造微尺度电路的技术的发展,使得每 18 个月就能把集成电路的元件尺寸缩小到原来的一半. 于是,计算机的计算能力每 18 个月就提高了一倍,这就是摩尔定律. 如今,在一台质量一般的电脑的集成电路上,导线只有 1000 个原子那么粗了.

为了方便后面的叙述,这里我会定义一些不同种类的计算机. 例如,数字计算机就是把逻辑门用在比特上的计算机. 一台数字计算机既可以是电子的又可以是机械的. 经典计算机就是利用经典力学原理做计算的机器. 经典数字计算机就是用经典逻辑电路操作经典比特的计算机. 电子计算机是用真空管和晶体管等做计算的计算机. 数字电子计算机就是利用电子器件做计算的数字计算机. 模拟计算机就是操作连续信号(与比特不同)的计算机,它得名的原因是这种计算机经常用于处理一个物理系统可计算的“模拟信号”. 模拟计算机可以是电子的或是机械的. 量子计算机就是利用量子力学原理做计算的计算机,量子计算机既有数字的又有模拟的性质.

2.5 逻辑电路

目前我们最强大的计算机在做什么? 它们处理信息的方式是通过把信息分解成比特,然后一次处理几比特. 如前文所述,将要处理的信息写入计算机程序,即用计算机语言写成一连串的指令,程序以比特的形式储存在计算机的存储器中. 例如,命令 PRINT 用 ASCII 码表示就是:P=1010000,R=1010010,I=1001001,N=1001110,T=1010100. 首先,计算机一次找到程序中的几比特,把比特解读为命令,并执行命令. 然后再找下面的几比特,重复这个过程. 复杂的程序都由这些简单的过程组成,不过执行起来更复杂.

传统的计算机主要由基于电子线路的“逻辑电路”构成. 逻辑电路可以通过每次处理几个比特的简单操作来完成复杂的逻辑表达. 物理上,逻辑电路由比特、导线和逻辑门构成(图 2.2). 如我们所见:比特记录 0 或 1;导线把比特从一个地方传输到另一个地方;

逻辑门一次转换 1 个或 2 个比特.

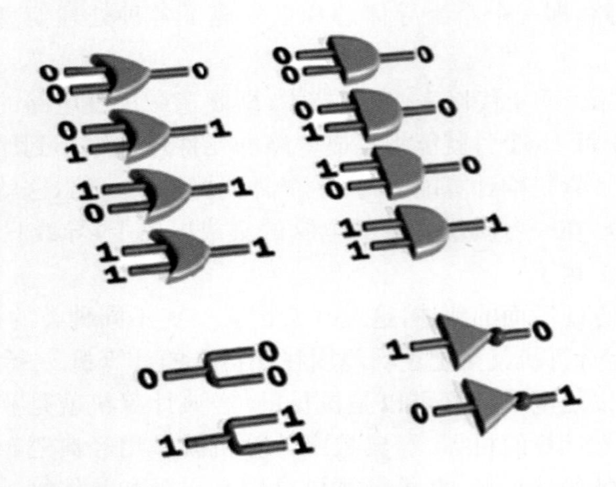

图 2.2　逻辑门

逻辑门是把一个或多个输入比特转换为一个或多个输出比特的器件. 从左上顺时针依次为:"或"门、"与"门、"非"门和"复制"门.

例如,1 个"非"(NOT)逻辑门就是将输入取反,即 NOT 门把 0 转换成 1,把 1 转换成 0. 1 个"复制"(COPY)门复制 1 个比特,即把输入的单比特 0 转换为输出的双比特 00,输入单比特 1 转换为输出双比特 11. 1 个"与"(AND)门有 2 个输入比特和 1 个输出比特,当 2 个输入比特都是 1 时,输出为 1,其余情况都输出为 0. 1 个"或"(OR)门有 2 个输入比特和 1 个输出比特,当 2 个输入比特都为 0 时,输出比特为 0,其余情况输出比特均为 1. 自从 1854 年爱尔兰国立科克大学的逻辑学家布尔(George Boole)发表名为《思维定律》(*An Investigation of the Laws of Thought*)的论文以来,人们知道了任何一个逻辑表达,包括复杂的数学运算,都可以用"非"门、"复制"门、"与"门和"或"门构造出来,它们就是逻辑门的广义集合.

布尔定律意味着任何逻辑表达或计算都可以通过逻辑电路来实现(图 2.3). 一台数字计算机就是操作一个含有上百万个逻辑门的逻辑电路的计算机. 常见的计算机,如苹果电脑或者 IBM 的 Windows 电脑就是数字计算机的代表.

在电子计算机中,比特由电容等电子器件携带. 电容就像一个装电子的桶. 为装满桶,需要在电容两端加一个电压. 一个零电压的电容没有电子输出,称为未充电. 在计算机中,一个未充电的电容记为 0,一个两端非零电压的电容装载大量电子(即已充电)记为 1.

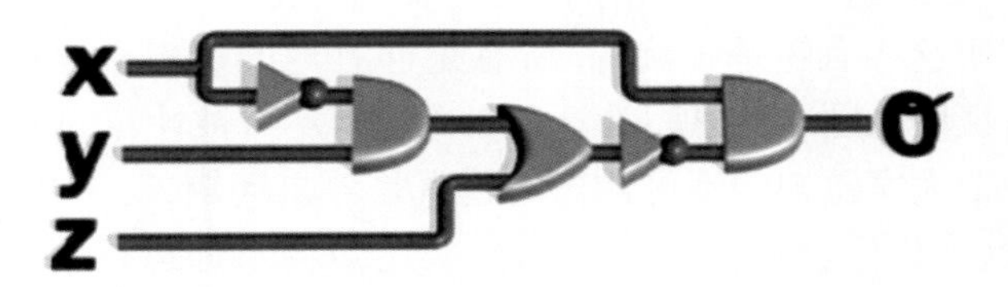

图 2.3　逻辑电路

"与"门、"或"门、"非"门和"复制"门可连在一起组成逻辑电路. 逻辑电路能对输入比特做很复杂的转换.

电容不是唯一用来储存信息的电子器件. 在你的计算机硬盘中,比特由微小的磁体储存,磁体的北极向上记为 0,向下记为 1. 任何一个含有两个可区分状态的器件总可以记为 1 比特.

在一台普通的数字电子计算机中,逻辑门由晶体管实现. 晶体管可以看成是一个开关. 当开关断开时,电流无法流过;当开关闭合时,电流可以流过. 一个晶体管有两个输入和一个输出. 在 N 型晶体管中,当第一个输入是低电平时,开关断开,电流无法从第二个输入端口流向输出端口. 当第一个输入换成高电平时,电流就会通过. 在 P 型晶体管中,当第一个输入是低电平时,开关闭合,电流就会从第二个输入端口流向输出端口. N 型和 P 型晶体管可以连起来组合成"与"门、"或"门、"非"门和"复制"门.

当一台计算机计算时,它所做的就是用逻辑门来处理比特. 电脑游戏、文档处理、数值计算、垃圾邮件等都源于比特的电子转换,一次一个或两个.

2.6　不可计算性

到目前为止,我们强调了信息和计算在本质上的简单性. 比特非常简单,计算机本质上也是简单的机器. 然而这并不意味着计算机不会产生复杂精致的行为. 计算的基本逻辑运算有一个反直觉的现象,就是它的行为本质上是无法预测的. 当计算开始后,获知计算机将会做什么的唯一途径,就是等着,然后看结果. ①

20 世纪 30 年代,奥地利数学家和逻辑学家哥德尔(Kurt Gödel)证明在任何足够有力的数学理论中,都有一些命题有这样

① 译者注:原作者此处的意思不是说逻辑门的输出结果不确定,而是指后面提到的停机问题.

的特性:如果这些命题是错的,就会破坏理论的自洽性,但是你又无法证明这些命题是正确的. 所有足够有力的逻辑系统都含有这种不可证明命题. 类似地,计算逻辑中也有不可被计算的量.

一个大家熟知的不可计算问题就是停机问题:写个程序,让它运行,这个程序会停止并给出结果? 还是会永远运行下去? 这个问题的答案没有通用的计算方法. 也就是说,没有一个计算机程序可以把另一个计算机程序作为输入,然后百分百地确定这个程序是否会停止.

当然,对于很多程序,你能直接给出它会不会停止的答案. 比如,程序"PRINT 1 000 000 000"绝对会停止:程序输入到一台计算机,打印出 1 000 000 000,然后就停止了. 然而作为一条规则,虽然一个计算机不停机运行了很久,但是你无法知道它后面会不会停机.

尽管比较抽象,但停机问题有很多实际的结果. 例如,给一个程序做调试(debug). 大多数计算机程序都有漏洞或错误(error),使得计算机不能按照预定的方式运行,比如死机. 因此,最好有一个对所有计算机程序都通用的调试程序(debugger),它可以把要调试的计算机程序以及想让这个程序产生的结果作为输入,然后测试这个程序是不是按照预定的方式运行. 但是,这样的 debugger 是不可能存在的!

一个通用的 debugger,目的是确认调试的程序会给出正确的结果,所以这个通用的 debugger 要做的第一件事就是要确认输入的程序是否有输出. 但要确定这个程序是否有输出,通用的 debugger 就要解决"停机问题",这是不可能做到的. 所以确定一个程序是否会停机的唯一方法就是让它运行然后等待结果,这样我们就不需要这个通用的 debugger 了. 下次当你的电脑出现 bug 时,你可以想到深层的数学原理并告诉我们,没有一个系统能除掉所有 bug,所以干脆退出重启吧.

哥德尔证明了"自指"(self reference)会自动导致逻辑悖论. 英国数学家图灵(Alan Turing)证明"自指"会导致计算机的不可计算性. 相似的悖论也会出现在人类的讨论当中. 总之,人类是"自指"的主人(有些人看起来只会"自指"),所以不可避免地会陷入悖论.

众所周知,人类无法预测自己未来的行为. 这是我们称之为"自由意志"的一个特性. "自由意志"表示我们有自由去决定做什么. 例如,当我坐在一个餐馆看菜单,只有我自己决定我会点什么. 在我做决定之前,我不知道我自己最后的决定. 也就是说,我们未来的选择对我们自己来说都是神秘莫测的. (对他人来说未必神秘莫测. 连续好几年我和我的妻子去圣塔菲的乔西餐馆吃午饭. 我经常是看半天菜单，最后点的总是半盘芝士辣椒，有红的和绿的辣椒，并把米饭换成浓汤. 我强烈感觉自己有自由意志：在我最后点半盘芝士辣椒之前，我觉得一切皆有可能. 但我的妻子每次都知道我最后会点什么.）

自由意志使得我们的选择变得神秘莫测，这点可以和停机问题做类比. 我们爬上一辆运行中的思维火车，不知道它会去哪儿. 即使它有目的地，但是在我们到达目的地之前，我们都不知道目的地在哪儿.

习惯上，我们把自己和他人的不可预测的行为当成不合理的，我们如果更理性、更靠谱，世界就会变得可以预测. 其实不是这样. 即使我们行为完全理性，行动完全符合逻辑，像计算机一样，一步一步地，我们的行为还是不可预测的. 理性一旦和“自指”合在一起，就会使得我们的行为在本质上成为悖论的和无法预测的.

纯粹理性的这个可爱的不可预测性让人想起先贤们关于逻辑在宇宙中的角色论述. 12 世纪，来自科尔多瓦的穆斯林哲学家路世德（Ibn Rushd），研究了亚里士多德的著作，得出一个结论：人类不朽的不是灵魂，而是理性. 理性不朽的原因是它不属于任何个人，它属于所有有理性的存在.

计算机当然拥有理性和自指的能力. 正是因为这样，它的行为本质上才是不可预测的. 其结果就是，当计算机变得越来越有能力，能处理越来越多任务时，计算机产生的不可预知性将接近人类. 其实，用路世德的标准来说，它们将和人类一样不朽.

让计算机通过程序模拟人类的简单任务非常困难：让一个内置计算机的机器人在室内吸尘，或者清空一个洗碗机，即便是最低的标准，对好几代人工智能研究者来说依然是一个搞不定的问题. 相比之下，编个程序让计算机产生烦人的不可预测的行为并不困难. 当计算机把事情搞砸时，它看起来更像人类. [①]

---

① 就像车尾贴上写的一样：“是人都会犯错，但计算机才会把事情完全搞砸.”

第3章　可计算的宇宙

3.1　宇宙的故事(上)

宇宙由基本粒子组成，如电子、光子、夸克、中微子等. 虽然我们即将从计算模型的角度重新审视我们的宇宙，但是在这之前我们还是要先学习一点宇宙学和基本粒子的物理知识. 物理学、化学和生物学给我们提供了学习宇宙的一条绝佳途径. “计算的宇宙”并不是和“物理的宇宙”针锋相对的，而是同一个宇宙，只不过一个从信息处理的角度描述，一个从物理定律的角度描述. 两种方法互补地描述着同一现象.

当然，人类思考宇宙起源的历史要比现代科学探索宇宙起源的历史久远得多. 人类刚开始讲故事就是讲关于宇宙的故事. 在北欧神话中，宇宙源于一头巨大的母牛从盐谷中舔舐出众神. 在日本神话中，日本诸岛来自于一对兄妹神伊邪那岐和伊邪那美的“乱伦”. 在一则印度创世神话中，一切均来自于“宇宙本体(Purusha)”牺牲时喷出的清油. 直到现代，天体物理学家和宇宙学家才终于构建出了有观测证据支持的宇宙演化的详细历史.

宇宙诞生于140亿年前的大爆炸(big bang). 随着不断地膨胀和冷却，各种各样的物质形态从宇宙这碗“汤”中出现. 大爆炸之后的三分钟，简单的原子如氢原子和氦原子就已经形成了. 随后的200万年，它们由于万有引力聚集在一起形成了最初的恒星和星系. 重元素，如铁，形成于这些早期恒星的超新星爆发. 我们的太阳和整个太阳系形成于50亿年前，然后大概10多亿年后，地球上出现了生命.

宇宙的真实历史并不像那些神话一样性感，只是像牛奶生产线一样按次序地工作. 与那些神话不同的是，这个通过科学探索得到的宇宙历史完全符合我们已知的科学定律和观测结果. 虽然被物理学所支配，但宇宙的历史仍然是一部生动的历史. 它富有戏剧性和不确定性，并且很多问题需要解答：生命如何起源？宇宙为什么如此复杂？宇宙的未来，尤其是生命的未来是什么？当夜晚我们抬头仰望银河系——我们自己的星系时，能看到很多和太阳相似的恒星. 向更远的地方望去，我们会看到众多和我们的银河系类似的星系，就像一个同样的剧本在星际间被不同的天体所演绎. 如果宇宙是无限的，那么所有符合物理定律的剧情，迟早都会在宇宙的某处上演. 宇宙的历史就像是一部"宇宙肥皂剧"，演员们演绎着剧中所有可能的情节.

3.2 能量：热力学第一定律

让我们熟悉一下"宇宙肥皂剧"中的主要演员们. 在已知宇宙中，主演是能量，包括光的辐射能以及质子、中子、电子的质能. 什么是能量？像你们在中学里学的那样，能量是做功的能力. 能量使物理系统可以做事.

最著名的是能量守恒定律：能量有多种存在形式，如热、功、电能和机械能，但是永不消失. 能量守恒定律就是热力学第一定律. 但如果宇宙是从无到有的，并且能量守恒，那么宇宙的能量都来自哪里呢？物理学家们给出了解释.

量子力学通过量子场来描述能量. 量子场是宇宙的底层结构，它们产生所有的基本粒子，如光子、电子、夸克等. 我们见到的所有能量，即以地球、恒星、光和热等形式存在的能量，都是在宇宙膨胀过程从这些底层的量子场中激发出来的. 引力将事物吸引到一起（一个高中生会告诉你"gravity sucks[①]"）. 随着宇宙不断地膨胀，万有引力不断地给予量子场能量. 量子场的能量是正的，万有引力的能量是负的，两者恰好相互抵消. 随着宇宙的膨胀，量子场获得了越来越多的正能量，产生光和物质. 这些正能量恰好补偿了引力场的负能量.

能量在宇宙历史中的地位举足轻重，一共有多少能量？都在哪儿？都在做什么？……相比而言，在本书里，宇宙历史的主演由能量变成了"信息". 宇宙中的信息和能量最终是一对互补的角色：能量使物理系统做事，而信息告诉物理系统去做什么.

---

① 译者注：此处为双关语，sucks 既指吸引又指很糟糕.

3.3 熵:热力学第二定律

如果我们在原子尺度上观察物质，会发现原子跳来跳去，是无规则地运动着的. 使原子无规则随机运动的能量称为热，而决定原子无规则运动的信息称为“熵”. 简单地说，熵就是用来表示原子和分子无规则运动程度的信息. 这些运动小到我们无法看到，但物理系统所含的熵是我们能够看到的信息.

熵是系统无序程度的度量，它决定了该系统有多少热可以用来转化成机械能，即有多少能量可以用. 热力学第二定律指出整个宇宙的熵永远不会减少. 换句话说，无法利用的能量会越积越多. 热力学第二定律就在我们身边. 例如，热蒸汽可以转动汽轮机而做有用功. 当热蒸汽冷却时，蒸汽分子把无序运动带给了周围的空气分子，使空气加热，蒸汽分子的无序运动变得越来越慢，同时空气分子的无序运动变得越来越快，直到两者达到同样的温度. 随着两者的温度差逐渐减小，整个系统的熵逐渐增加，直到室温的蒸汽无法再做功.

还有一个地方会用到熵. 大多数信息是看不见的，而描述原子运动的信息所需要的比特数远超过我们能够看到的比特数. 想想一张传统照片，它的分辨率由胶片上卤化银颗粒的大小所决定. 如果是数码照片，就由屏幕的像素数量所决定. 一张高质量的数字图片可以携带 10 亿比特的可视信息. 我是怎么得到这个数字的呢? 每英寸[①] 1000 个像素点已经差不多是我们肉眼的最高分辨率了. 在这个分辨率下，每平方英寸含有 100 万个像素点. 一个8×6 平方英寸的照片含有 4800 万个像素点. 每个像素点有一个颜色. 数码相机一般用 24 位比特来产生 1600 万种颜色，即人眼能分辨的最多颜色. 于是，一张 8×6 平方英寸的数码照片共含有 1152000000 比特的信息.(更简单地看一张照片有多少比特的方法，是看一张照片会消耗数码相机多少存储空间. 一台普通的数码相机拍一张高分辨率照片会用到 300 万字节，即 3MB 的信息. 1 个字节为 8 比特，所以数码相机拍这张照片会用到约 2400 万比特.)

1152000000 比特意味着很多的信息，但是描述一张传统照片上卤化银颗粒所含原子的运动所需要的信息量，会多得多，大概会

---

① 译者注:1 英寸=25.4 毫米.

用到1亿亿亿比特(10^{24},即1后面加24个0). 而这些看不见的无序运动着的原子所携带的信息还要远比这张照片上的信息多. 如果用一张照片记录与1克原子所含的这些看不见的信息同等的可见信息,那么这张照片会和缅因州(美国一个州名)的面积一样大.

一张胶片上无序运动的原子携带的信息可以这样估算:一个卤化银颗粒直径大概是1微米,含1万亿亿个原子. 一张胶片有几百亿个卤化银颗粒. 描述一个无序运动的原子(室温下)大概需要10~20个比特. 于是,这张胶片上所有原子加到一起共携带10^{23}比特的信息. 换成数码相片,一张照片约有10亿(10^{9})比特的可见信息,仅仅是10^{23}比特信息的极小一部分. 剩下的绝大部分信息都是我们看不见的. 这些看不见的信息就是原子的熵.

3.4 自由能

热力学定律引领了我们的两位"主演"(能量和信息)之间的对手戏. 可以再用一个例子感受一下热力学第一定律和第二定律. 咬一口苹果,苹果里的糖分称作"自由能". 自由能是低熵的有序系统所含的能量. 对苹果来说,糖分的自由能不是储存在原子的无序运动里,而是储存在糖类分子的有序化学键里. 描述10亿个有序化学键需要的信息比描述10亿个无序运动的原子需要的信息要少很多. 正因为用到的信息少,所以该能量才被称为自由能.

拿起苹果咬一口,你就咽下了自由能. 你的消化系统含有酶,可以把糖类分子分解成葡萄糖分子,即能够被肌肉直接利用的最简单的糖类分子. 当你消化了这些糖,它产生的几百千卡的热量可以让你跑1英里①(1卡路里即让1克水温度提高1摄氏度需要的能量,1千卡即1000卡路里,是最常用的饮食热量单位. 一勺糖大概含10千卡的自由能. 100千卡的能量能够把一台大众甲壳虫轿车举起100英尺②). 当你跑步时,糖分里的自由能转化成肌肉的动能. 等你跑完,你会感觉浑身发热,这是糖分里的自由能转化成功和热的结果. 功和热的卡路里数恰好等于你从苹果的糖分里得到的自由能. 这就是服从热力学第一定律的结果,即能量守恒. (而服从热力学第二定律的结果,就是描述你跑完步发热的肌肉和皮肤

---

① 译者注:1英里=1.609千米.

② 译者注:1英尺=12英寸=30.48厘米.

里无序运动的分子所需要的信息，要远远多于描述苹果里糖类分子的有序化学键所需要的信息.）

不幸的是，要将上述过程逆回去就没那么简单了. 能量变成热，就会产生很多看不见的信息，即熵. 如果要把能量变回熵很小的化学键能，你就要处理掉那些多余的信息. 后面我们会讲到，正是由于找不到存放这些多余信息的地方，所有的发动机、人体、大脑、DNA，还有计算机的功能，才从根本上受到了限制.

在每一个剧本中，能量和信息（看得见的和看不见的）都是宇宙这台戏的两位主演. 我们的宇宙就产生于两者的对手戏中，对手戏的情节由热力学第一定律和第二定律决定. 能量守恒，信息不减. 物理系统从一个状态转换到另一个状态需要能量，于是能量被用来处理信息，用到的能量越多，转换得越快，信息处理也就越快. 物理系统处理信息的最大速度正比于它的能量，能量越多，比特转换也就越快. 土、气、火、水[①]本质上都是能量，但是它们不同的形态是由信息决定的. 做任何事都需要能量，检验做到什么程度需要信息. 能量和信息天生（没有双关语）交织在一起.

3.5　宇宙的故事（下）

我们的两位主角介绍完毕. 下面讲它俩的对手戏如何贯穿宇宙的历史. 正是这个对手戏——信息和能量之间的拉锯战，才使得我们的宇宙拥有了计算的能力.

20 世纪，天文望远镜的技术进展使我们能更精确地观察太阳系之外的宇宙. 过去的这 10 年对于这些天空观测者来说意义重大. 地面望远镜和卫星观测设备提供了大量数据来描述宇宙的现状以及宇宙的历史.（因为光速是有限的，我们在看 10 亿光年之外的星系时，其实看到的是它 10 亿年前的样子.）天文观测的这种延迟性能帮助我们更好地了解宇宙的早期历史.

宇宙诞生于 140 亿年前的大爆炸. 大爆炸之前发生了什么？什么也没有. [②]没有时间，没有空间. 不只是空无一物，而是连空间本身都不存在. 时间本身也有个起点，从无到有没什么不对. 比如，

---

① 译者注：古希腊哲学的四元素.

② 在另一些宇宙学模型里，宇宙的寿命是无限的：大爆炸之后还会有大塌缩. 在这些模型中，我们的宇宙会先膨胀，然后再收缩回一个点，然后再大爆炸，再收缩，一直这样循环下去. 尽管符合物理学定律，但是目前的观测数据不太倾向于这些振荡宇宙模型.

正数从0(无)之后开始. 在0之前,没有正数. 在大爆炸之前,什么都没有——没能量,没比特.

就这么一下,宇宙诞生了. 时间开始了,空间也一起出现了. 新生的宇宙很简单,刚出现的量子场仅含有少量的信息和能量,最多用几比特信息就能够描述了. 实际上,像一些物理理论推测的那样,如果宇宙只有一个初始状态,以及只有一组自洽的物理定律,那么这个初态没有信息. 要产生信息,至少需要两个状态:0或1,yes或no,这个或那个. 如果宇宙的初始状态没有任何选择,那么描述它就是用0比特信息,它只携带0比特. 初态信息的缺失正好符合宇宙从无到有的过程.

宇宙一诞生,就开始膨胀. 随着膨胀,它赋予时间和空间的底层量子结构越来越多的能量. 目前的物理理论认为宇宙早期的能量增长很快(该过程称为"暴胀"),但是信息增长很慢. 早期的宇宙仍然是简洁有序的,用几比特的信息就可以描述. 此外,刚出现的能量都是自由能.

然而,信息的缺失并没有维持很久. 随着宇宙的持续膨胀,量子场的自由能不断转化为热,熵增加,同时创造出所有种类的基本粒子. 这些粒子很热:它们做剧烈的无规则运动. 因此,描述它们的运动就需要很多信息了. 大爆炸之后的十亿分之一秒,即光大约传播1英尺(约31厘米)所花的时间,宇宙中信息的数量便是100亿亿亿亿亿亿(10^{50})比特. 如果它们被平分给组成地球的原子们,大概是1个原子1比特信息. 想存储这么多的信息需要一张银河系那么大的照片. **因此,大爆炸也被称为比特爆炸.**

当宇宙中的能量变换形式时,宇宙也在处理和转换信息,用信息处理的结果填满它的"内存". 在这十亿分之一秒之后,宇宙对这些比特做了1000亿亿亿亿亿亿亿亿(10^{67})个基本操作. 期间发生了很多事情. 但是宇宙在这十亿分之一秒之内做了什么计算呢?科幻小说家们推测有完整的文明的诞生和消亡——就在比我们一眨眼还短的功夫里,我们没有证据证明这些极其短暂的文明是否存在过. 但更可能的是,这些早期的信息操作只是基本粒子之间的随机碰撞.

在这十亿分之一秒之后,宇宙很热. 几乎所有出现的能量都是热. 描述这些基本粒子无限小的无序运动的状态需要大量信息. 实际上,当所有的物质温度相同时,熵是最大的. 此时几乎没有自由能——即**秩序**,来给生命的产生创造条件,生命需要自由能. 哪怕真有某种生命形式可以抵抗住大爆炸时的高温,这种生命形式也无法进食.

随着宇宙的膨胀,它逐渐冷却下来.基本粒子的无序运动也变慢了许多.但是用来描述基本粒子无序运动的信息量几乎变化不大,它们只是随着时间在缓慢增加.尽管更慢的无序运动需要更少的比特来描述,即描述速度用的比特数更少,但是同时,它们运动的空间在增加,即需要更多的比特来描述它们的位置.因此,信息的总量变化不大,仅仅是按照热力学第二定律在增加.

随着无序运动越来越慢,比特和宇宙汤开始凝聚.这个凝聚产生了一些我们今天看上去很熟悉的物质形式.当无序运动的能量小于基本粒子的一些结合能量(比如结合成质子)时,质子等粒子就形成了.即当这些组成部分(如质子中的夸克)的无序运动的能量不足以维持它们单独粒子的状态时,它们就结合在一起形成复合粒子,于是宇宙汤开始凝聚.每次宇宙汤凝聚出新的调料,都是熵的一次爆发——新的信息被记录在宇宙这本菜谱上.

复合粒子从宇宙汤中凝聚出来,然后需要能量把它们再结合在一起.质子和中子,即组成原子核的粒子,在大爆炸之后十亿分之一秒多一点的时间凝聚出来,此时温度约为 10 万亿摄氏度.原子核在一秒左右形成,温度约为 10 亿摄氏度.三分钟之后,那些最轻的原子——氢、氦、锂、铍、硼的原子核相继凝聚而成.此时,电子仍然在高速飞舞,速度过快以至于原子核无法俘获它们而形成原子.大爆炸 38 万年之后,宇宙的温度降到低于 10000 摄氏度,电子充分冷却而被原子核俘获,于是稳定的原子就形成了.

3.6 秩序源于混沌(蝴蝶效应)

在原子之前,宇宙间几乎所有的信息都停留在基本粒子的水平上,几乎所有的比特都携带在质子、电子等粒子的位置和速度上.在更大的尺度上,宇宙包含的信息仍然很少,到处都一样,毫无特色.(到底有多均匀?想象一下一个无风早晨的平静湖面,到处是树的清晰倒影;地球没有一座山的样子.早期的宇宙就是这么均匀.)

如今,用天文望远镜就能看到宇宙的不均匀性.物质组成在一起形成了像地球一样的行星,像太阳一样的恒星.行星们和太阳一起组成我们的太阳系.太阳系和上亿的其他恒星系一起组成银河系.银河系只是我们所在星系团的十几个星系中的一个.我们的星系团也只是超星系团中的一个. 物质凝聚成天体,并由宇宙空间分隔开的层次体系形成了我们今天看到的宇宙的大尺度结构.

这个大尺度结构是怎么来的? 它们携带的信息比特又是怎么来的? 这些比特来自于我们已经介绍过的早期宇宙. 它们的起源可以通过量子力学和引力定律来解释.

量子力学是描述物质和能量最底层行为的理论. 在小尺度下,量子力学描述分子、原子和基本粒子的行为. 在大一些的尺度下,它描述你我的行为. 在更大尺度下,它描述整个宇宙的行为. **量子力学定律就是宇宙细节和结构出现的原因.**

量子力学能够导致宇宙大尺度结构的产生,这是因为它内在的概率本质. 量子力学看上去似乎有些违反直觉,但它能产生出宇宙的细节和结构就是因为它内在的不确定性.

早期宇宙很均匀,能量密度基本到处都一样,但不是完全精确的一样. 在量子力学中,物理量(如位置、速度、能量密度)都没有精确值,它们都有涨落. 虽然我们可以描述它们可能的值,比如粒子最可能的位置,但是达不到绝对的确定度. 由于量子涨落的存在,早期宇宙的一些区域比另一些区域密度更大.

随着时间的推移,万有引力使一个区域内的物质越积越多,不断增加能量密度,同时降低了周围区域的物质和能量密度. 万有引力放大了初始时的微小差异,并使其不断增加. 初期,仅仅一个微小的量子涨落就会导致星系团的产生. 随后,更多的涨落会决定这个星系团内不同星系的位置,然后后面的涨落会决定行星和恒星的位置.

在这个大尺度结构形成的过程中,引力同时产生了对于生命来说至关重要的自由能. 物质聚集在一起,运动得越来越快,不断地从引力场获得能量,物质变得更热. 聚集的物质越多,物质就变得越热. 如果足够多的物质聚集在一起,这团物质的中心就会达到热核反应的条件:太阳开始发光! 阳光有许多自由能. 植物出现后,它们就可以用阳光的自由能来进行光合作用.

引力放大物质的初始密度涨落的能力,是一种被称为"混沌"的物理现象的反映. 在一个混沌系统里,初始条件的微小差异,都会随着时间流逝而不断被放大. 最著名的混沌现象大概就是"蝴蝶效应"了. 地球大气的运动方程本质上是混沌的,因此一个微小的扰动,比如蝴蝶扇一下翅膀都会随着时间和空间被放大,最后甚至变成一场飓风. 宇宙大爆炸时能量密度的微小量子涨落就是一个蝴蝶效应,它最终导致了宇宙的大尺度结构.

每一个星系、恒星、行星的质量和位置都要归因于早期宇宙的量子涨落. 但还不止于此，这些涨落也决定着宇宙每一刻的细节. “机遇”是一种大自然的语言重要元素，每掷一次量子骰子，都会给这个世界增加几比特的细节. 这些细节逐渐积累，形成了现在宇宙万物的多样性. 树、枝干、树叶、细胞、DNA 链的形成都能追溯到某个时间的量子骰子. 如果没有量子力学，宇宙将一直毫无生机. 赌钱也许是恶劣的，但赌掷量子骰子则是无比神圣的.

3.7 通用计算机

我们已经知道宇宙可以通过记录和转换信息的方式来做计算，所以我们可以称之为“宇宙计算机”(universal computer). 不过，这个词还有其他技术上的含义. 在计算机科学中，universal computer(通用计算机)的意思是你可以用这台机器进行编程并以你需要的方式处理信息. 这本书里提到的常用的数字化计算机都是通用计算机，所用到的语言也都是通用语言. 人类能进行通用计算，人类语言也是通用的. 大多数系统都可以通过编程把一个个简单信息的转换过程组合成任意长的时序，因此这些系统都是通用系统.

通用计算机能做很多漂亮的信息处理工作. 通用计算机和通用语言的两位发明人邱奇(Alonzo Church)和图灵，曾提出过通用计算机能够实现任意数学操作的观点. 也就是说，通用计算机可以在任意复杂的程度上做数学运算. 一台通用计算机可以不用很复杂，但必须能够对比特进行简单的操作，一次一个或两个. 无论多么大数量的比特转换，都可以通过不断地重复一次处理一两个比特的简单操作来实现. 任何一台用简单逻辑操作组成时序处理问题的机器都是通用计算机.

重要的是，通用计算机可以按你的意图编程和处理信息，而且通用计算机之间编程和处理信息的方式完全一样. 也就是说，通用计算机之间可以互相模拟. 这意味着通用计算机可以处理相同的任务. 大家对通用计算性应该很熟悉：如果一个程序能在 Windows 电脑上运行，那么编译一下就同样可以在苹果电脑上运行.

当然，这个程序在苹果电脑上可能比在 Windows 电脑上运行得快一点，或者慢一点. 在一种通用计算机上运行原始程序，一般比把程序编译后在另一台通用计算机上运行要快一点. 不过，编译一直有效. 实际上，每一台通用计算机不仅可以模拟其他的通用计算机，而且效率会很高，因为编译导致的死机并不常见.

3.8 数码和量子

宇宙一直在做计算. 它用的计算机语言就是物理定律以及由此产生的化学和生物过程. 然而，宇宙仅仅是一台像邱奇和图灵所描述的那种通用数字计算机吗？我们可以给出一个准确的答案：不是.

认为宇宙是一台数字计算机的想法产生于几十年前. 20 世纪 60 年代，弗雷德金(Edward Fredkin)，时为麻省理工学院教授，和楚泽，即 40 年代在德国造出世界第一台电子计算机的人，一起提出了宇宙本身就是一台通用数字计算机的观点. 最近，计算机科学家沃尔弗拉姆(Stephen Wolfram)[①]仍然持类似观点. 这个观点基于数字化系统简单可靠，而且能够实现任意的复杂程度. 具体地说，用计算机的体系结构模拟时间和空间结构(所谓的细胞自动机，也称为元胞自动机)，能够有效重现经典粒子的运动和它们之间的相互作用.

除了"数字化宇宙"这种审美倾向，物理定律的计算能力还得到了强有力的观测证据的支持. 物理定律显然支持宇宙做计算. 但问题是，宇宙的真实计算能力，要远比把它当成一台经典数字计算机时高出很多很多.

如果两台计算机都能有效地模拟对方，那么两者的计算能力相同，这里的关键词是"有效地". 物理定律可以有效地模拟数字化计算，所以宇宙毫不费力地就拥有了传统数字计算机的能力. 但是现在我们要想想，传统数字计算机是否可以有效地模拟宇宙？实际上，传统计算机无法有效地模拟宇宙.

看上去似乎并非如此，因为物理定律是简单的. 即便它们实际比我们现在知道的复杂，但它们仍然是一些数学方程，完全可以用计算机表述. 也就是说，一台传统计算机可以模拟物理定律和它导致的结果. 如果你有一台足够大的计算机，你可以给它编程(比如用 Java)，把宇宙的初始状态设定为初态，导入物理定律，然后运行程序. 这样，你就能得到宇宙每时每刻的精确状态.

---

① 译者注：著名的数学计算软件 Mathematica 的发明人.

这么做虽然不是完全不可能的，却是不可能“有效”的. 宇宙本质上是量子的，传统数字化计算机难以模拟量子系统. 原因是量子力学对于传统计算机，就像对于人类一样，都是极其诡异而且反直觉的. 即使去模拟整个宇宙极其微小的一部分，比如几百个原子几分之一秒的变化，一台传统计算机需要的内存空间的比特数比宇宙中所有原子数都要多，耗时比宇宙的年龄都要长，所以不可能“有效”.

当然，并不是说经典计算机对处理量子问题完全没用：用经典计算机可以很好地计算量子系统的近似能量和基态. 只是对它们来说，要对一个复杂的量子系统进行完全的动力学模拟，需要使用极大数量的动力学资源. 经典比特不适合储存量子系统的信息，就是因为需要的经典比特数与量子系统大小呈指数关系. 这意味着什么？量子系统的经典模拟的失败意味着宇宙的计算能力在本质上远超于经典数字计算机.

那么，**量子计算机呢？**几年前，依据物理学家费曼的建议，我提出了量子计算机可以直接有效地模拟任何符合物理定律的系统（甚至那些我们暂时还未发现的定律）.

简单地说，模拟过程如下：首先，用一组量子比特，即量子寄存器标定量子系统的每一个组成单元（如每个原子、电子或光子）的态. 由于这个寄存器本身是量子的，所以它能够仅用几个量子比特存储原系统的量子信息. 然后，用简单的量子逻辑操作，即量子比特之间的相互作用来再现原量子系统的动力学过程. 因为物理系统的动力学取决于它的组成部分之间的相互作用，而这些相互作用可以通过对量子寄存器里比特的量子逻辑操作来直接模拟.

这种量子模拟方法直接而有效. 量子计算机做这个模拟所花的时间仅仅正比于被模拟系统的演化时间，而且需要的内存空间也仅仅正比于被模拟系统的子系统数量. 模拟过程就是直接把量子系统的动态演化绘制在量子计算机的动态演化上. 实际上，一个观察者无法找出量子计算机和被模拟的量子系统之间的不同，因为所有对量子计算机做的测量结果和对量子系统做的类似测量完全一样. 量子计算机就是通用的量子模拟器.

宇宙是个物理系统，因此整个宇宙都可以被量子计算机完全有效地模拟，只不过需要一台和宇宙一样大的量子计算机. 由于宇宙本身支持量子计算，而且能够被量子计算机有效模拟，因此宇宙不多不少就是一台“宇宙量子计算机”.

实际上，宇宙是与量子计算机融为一体的. 想象一台巨大的量子计算机对宇宙做了有效的模拟. 比较一下对宇宙和这台量子计算机的测量结果. 在宇宙中,测量是由其中极其微小的一部分——即我们人类对另一部分进行的. 在量子计算机里,类似的过程是一个寄存器获得另一个寄存器里的信息. 因为量子计算机可以对宇宙进行有效的精确的模拟,所以上述的两组测量结果完全一致,无法区分.

宇宙本身拥有和"宇宙量子计算机"一模一样的信息处理能力. 一台宇宙量子计算机能够精确和有效地模拟整个宇宙. 对宇宙本身和这台宇宙量子计算机的测量结果完全一致,不可区分. 这样我们就可以在技术意义上给出宇宙是否是一台量子计算机的答案了. 答案是:是. 宇宙本身就是一台量子计算机.

宇宙在计算什么? 每一样我们看见的和看不见的东西都是它的计算结果. 在得到完整的基本物理定律之前,我们无法精确地知道宇宙是如何进行最微小的计算的,但即使不知道全部细节,我们也可以看到宇宙巨大的量子计算能力为它的复杂性和多样性提供了一个直接的解释.

3.9 计算和复杂

我们窗外的宇宙复杂得令人感到惊奇,各种各样的形式在不断地变幻. 不过,我们知道的物理定律都是简单的. 这些简单的定律是如何衍生出那些复杂的现象的呢? 为回答这个问题,我们先看一个解释宇宙复杂性的古老的错误理论.

19 世纪后半叶,三位物理学家——麦克斯韦(James Clerk Maxwell)、玻尔兹曼(Ludwig Boltzmann)、吉布斯(Josiah Willard Gibbs)——发现了熵的存在意义,熵就是我们前面讲过的信息的一种形式,即那些看不到的信息. 玻尔兹曼从信息角度解释了宇宙的有序性和多样性. 他认为决定宇宙形态的信息完全来自于随机过程,就像每个比特都是由抛硬币来确定的一样.

这个对秩序和复杂性的解释等同于一个著名故事中的解释. 该故事由法国数学家波莱尔(Emile Borel)在 20 世纪初提出. 波莱尔想象有 100 万只猴子(猴子打字员)在打字机上随机敲字,每天敲字 10 小时. 波莱尔指出只要一年,猴子们就能敲出世界上最大的图书馆所有藏书的文字. 他论证这个概率并不是非常非常非常小.

波莱尔关于猴子敲字的想法引起了英国天文学家和数学家爱

丁顿(Arthur Eddington)的兴趣. 爱丁顿把世界上最大的图书馆的所有书换成了不列颠图书馆里的所有书. 爱丁顿的版本随后被琼斯(James Jeans)爵士采用,他错误地认为该理论来自赫胥黎(Thomas Huxley). 赫胥黎在 1860 年与英国大主教威尔伯福斯(Wilberforce)关于达尔文(Charles Darwin)的《物种起源》(*The Origin of Species*)进行过辩论. 达尔文显然提到了猴子. 威尔伯福斯问赫胥黎是否可以把他的祖父家谱或祖母家谱一直追溯到猴子,赫胥黎回答追溯到猴子比追溯到一个总爱褒奖错误的智者[①]要好. 但这次辩论显然和猴子打字员无关,打字机在那时还未被发明.

20 世纪中叶,猴子打字员的故事又登上了《纽约客》杂志,即马洛尼(Russell Maloney)的短篇故事《不变的逻辑》(*Inflexible Logic*). 随后,猴子打字员的故事在阿西莫夫(Isaac Asimov)、亚当斯(Douglas Adams)等作家的作品中广为流传. 一个典型的猴子打字员的故事是研究人员抓到一群类人猿并教会它们在打字机上敲字. 一个猴子偶然间敲下了:"哈姆雷特(*Hamlet*),第一幕,第一场……"

当然,一大群猴子中也许有一只猴子会偶然地敲出《哈姆雷特》. 宇宙诞生于类似猴子打字这种完全随机过程也是有可能的. 如果我们定义一面是 1,一面是 0,不断地抛硬币,随机地生成任意长度的二进制数,最终会得到一个能描述整个宇宙的很长很长很长的二进制数.

这种关于有序诞生于随机过程的争论,可追溯到两千年前的罗马哲学家西塞罗(Marcus Cicero). 在他的《论神性》(*De nature deorum*)中,斯多葛学派的巴布尔斯(Balbus)用如下论述反对原子论者(如德谟克里特(Democritus),他认为世界就是由原子的随机碰撞产生的):"我不相信有人会让自己信服受引力控制的坚硬原子会相互碰撞出这个美丽的世界. 如果有人真的相信,我就更不理解为什么他们不想想如果拿非常非常多的用金子或者其他东西做的字母,把它们混在一起,然后一起抛出去,落在地上刚好拼出整部恩纽斯(Ennius)的《编年史》(*The Annals*)? 我估计连拼出一小节的运气都没有!"

让我们回到猴子打字员的故事. 尽管宇宙原则上可以像随机抛硬币那样产生,但它在宇宙的有限年龄和边界条件下是基本不

---

① 译者注:这个智者估计暗指上帝.

可能的.实际上,像随机抛硬币这样诞生出有序宇宙的可能性微乎其微,基本为零.想知道到底有多小,让我们再回到猴子打字员的故事.一台标准打字机有50个键.即使忽略大小写,猴子第一个字母打出h的可能性也只有1/50.前两个字母打出ha的可能性是1/50的1/50,即1/2500.打出ham的概率是1/125000.于是,一只猴子打出《哈姆雷特》前22个字母的概率为50^{-22},约10^{-38}.这就需要100亿亿只猴子,一个猴子每秒敲10个字母,敲几百亿亿秒(约317亿年,是宇宙目前年龄的两倍以上),才能偶然敲出《哈姆雷特》的前22个字符"hamlet. act i, scene i".

如果想尝试,你可以用你的计算机模拟猴子随机敲莎士比亚的戏剧片段①.目前的记录是《亨利四世:第二部》(*Henry IV*, *Part* 2)的头24个字母,一共花了27378500亿亿亿亿年.

极小的概率和时间及空间上的有限性,使得宇宙完全从随机中诞生变得不太可能.如果宇宙在时间和空间上都是无限的,那么所有可能的比特组合都可能会在某时或某地发生.不过即使在一个无限的宇宙里,玻尔兹曼的论点依然站不住脚.因为如果秩序完全从随机中产生,无论何时我们获得一些新的信息,它们都会是随机的.现实却并不是这样:新的比特很少完全随机.如果你有疑问,请走到窗边看向窗外,或者拿起苹果咬一口.每一个动作都会产生新的、然而非随机的比特.

另一个例子:在天文学中,新的星系和其他天体结构如类星体,都在不断地进入天文望远镜的视野.②如果一切都来自于完全的随机,那么进入望远镜视野的将是一些奇形怪状的天体,完全由物质随机构成——不再是类星体,或者其他我们看到的有序结构.

总之,玻尔兹曼对于秩序的解释不是完全不可能.但是极其难以置信.

出于好玩,让我们看看从宇宙开始到现在,猴子打字员能随机打出《哈姆雷特》开头的多少内容.从大爆炸开始,宇宙充满了光子,即光的粒子.宇宙约有10^{90}个光子,每个光子携带几个随机比特.如果我们把这些比特想象成英文字母,某些地方就会有一对光子携带"Hamlet, Act I, Scene I. Enter Barnardo and Francisco."

---

① 可以登录这个网页:http://user.tninet.se/~ecf599g/aardasnails/java/Monkey/webpages/.

② 我们能发现越来越多新天体,不是简单地因为天文望远镜变得越来越好.随着时间推移,我们能看到的距离也就越远,即每年会增加一光年的距离,因此我们能够看见的天体数也就越来越多.在宇宙学中,这个现象称为"视界膨胀",即视界每时每刻都在增加.

这样的信息. 即使我们把每个基本粒子都想象成猴子，从大爆炸开始以物理定律允许的最高速度在打字，能随机出现最长的开头也不过是“Hamlet，Act I，Scene I. Enter Barnardo and Francisco. Barnardo：Who’s there?”.

仅仅随机打出《哈姆雷特》最初的几行文字就会耗费掉宇宙的所有计算资源. 想通过完全随机过程生成更复杂的事物，将需要超出整个宇宙所拥有的计算资源.

玻尔兹曼错了，宇宙不是完全随机的. 但这也不意味着斯多葛学派的巴布尔斯是对的，他同样错了. 复杂性和多样性的存在不需要复杂的机器或智能来产生. 我再强调一遍：计算机是简单的机器. 它们只完成一系列基本的操作，一遍又一遍. 尽管它们有简单性，但是它们可以通过编程去产生我们想要的复杂性，而且这些程序本身并不需要有明显的秩序，它们可以是随机的比特序列. 随机的比特对生成宇宙的秩序起到了关键的作用，只不过不是像玻尔兹曼想的那样.

宇宙包含的随机比特的起源可以追溯到大爆炸时的量子涨落. 我们能看到这些随机比特作为“种子”最终决定了从星系的位置到 DNA 的突变位置. 这些随机比特由量子力学引入，实际上给宇宙后面的行为都编好了程序.

回到那些猴子. 这次我们不让猴子在打字机上随机敲字符，而是让它们在计算机上随机敲序列.（让猴子玩电脑不是什么新鲜事，至少在互联网上能找到很多图片. 我第一次听到这种事是在 20 世纪 80 年代，IBM 的本内特（Charles Bennett）和蔡廷（Gregory Chaitin）告诉我的.）比如，我们让猴子坐在计算机前，敲计算机语言，如 Java. 计算机把猴子随机敲打的东西不当成文本，而是当成程序——用计算机语言写的程序.

如果计算机尝试执行这些猴子敲的随机程序，那么会发生什么呢？绝大多数时间，程序会中断，显示错误（error）. 垃圾代码进进出出. 但是有一些小程序——那些通过随机敲打出现概率相对来说高一点的程序——会输出有趣的结果. 例如，有的几行代码可以令计算机输出圆周率；有的短程序可以输出复杂分形；有的短程序可以模拟粒子物理标准模型；有的短程序可以模拟宇宙大爆炸的早期；有的可以让计算机模拟化学反应；还有的程序可以让计算机证明所有可能的数学定理.

为什么计算机可以用短程序得到这么多有趣的结果？因为计算机用来产生模式：任何能用语言描述的模式都可以用计算机生

成. 猴子随机敲打字机和随机敲计算机键盘的不同之处在于，后者敲出的随机比特是指令.

如前文阐述，猴子不会敲入任何模式. 让猴子在打字机上敲一个随机字符串时，打字机会原原本本地输出这个随机字符串. 但是当猴子把随机字符串敲入计算机时，计算机会把它解读为指令并以此为基础构建模式.

量子力学中的随机量子涨落对宇宙来说就像是这些"猴子程序员"，它们其中的一些决定了星系的位置，而宇宙本身就是"猴子程序员"面前的计算机. 从一个简单的初态开始，它符合简单的物理定律，宇宙会系统地处理并放大量子涨落中的信息比特. 这种信息处理方式的结果就是多样性，即我们现在这个充满信息的宇宙：由量子进行编程，物理首先产生出化学，然后产生出生命；由基因突变和基因重组进行编程，生命产生出莎士比亚；由舞台经验和想象力进行编程，莎士比亚产生出《哈姆雷特》. 你可以认为"打字猿"和"程序猿"的差异就是整个世界所有的差异.

第二篇

进阶之路

第4章　信息和物理体系

4.1　信息即物理

读到这里,你应该已经知道这本书的主题就是:所有的物理系统都会携带和处理信息.理解宇宙如何计算,我们就能理解它为什么这么复杂.人们是从什么时候知道所有物理系统都携带和处理信息(有时被当成非物理实在)的呢?关于信息和计算的科学研究起源于20世纪30年代,并在20世纪下半叶迅速发展.但在此之前,人们早已知道信息是基本的物理量.早在19世纪末,科学家就发现了所有的物理系统都可以携带一定数量的信息,并且通过它们的动力学过程转换和处理信息.尤其是"熵"这个物理量可以作为物质内的原子所携带信息量大小的度量.

19世纪,伟大的统计物理学家包括英国的麦克斯韦、奥地利的玻尔兹曼和美国的吉布斯推导出了现在被称为"信息论"的基本方程,并用它来描述原子的行为.尤其是他们用这些方程得到了热力学第二定律.

如前文所述,热力学第一定律和能量有关:能量在转化过程中(比如从机械能转化成热能)守恒.热力学第二定律就与信息以及如何在宏观尺度处理信息相关了.热力学第二定律指出熵(可以看作信息的度量)一直保持增加趋势.准确地说,每一个物理系统含有一定比特数的信息,即看不到的信息(熵)和看得到的信息.用来处理和转换信息的动力学过程只能使总的比特数一直增加,不会使其减少.

尽管已经是一个半世纪以前出现的知识了,但热力学第二定律仍然具有争议.几乎没有科学家否认它的正确性,但很多人不明白它为什么正确.宇宙的计算本质至少可以部分解答这个问题.大体上,热力学第二定律来自于两类信息之间的关系.一个是"看得到的信息”,即我们用来描述物质状态的信息. 另一个是“看不到的信息”,即熵的比特数——物质中原子携带的信息.

4.2 计算模型的起源

我在哈佛大学学习的本科课程称为“通识教育”. 这意味着如果我可以用我自己的方式来学习一门课程,那么这也算是我课程的一部分.

根据我的一位导师、诺贝尔物理学奖得主格拉肖的建议,我在学习物理专业课程的同时,也选修了菲茨杰拉德(Robert Fitzgerald)关于荷马(Homer)、维吉尔(Virgil)、但丁(Dante)的诗歌文学,基什内尔(Leon Kirchner)的室内音乐,还有科恩(I. Bernard Cohen)关于物质科学对社会的影响的讲座. 格拉肖坚持让我学习物理.

两门课程启发了我关于整个宇宙计算模型的思考. 其中一门是廷克汉(Michael Tinkham)的统计力学,它综合了量子力学(原子、分子尺度的物理学)和热力学(研究热和功). 作为一门科学,统计力学产生于19世纪末,引导了激光、灯泡、晶体管还有很多其他重要发明的出现. 廷克汉的课程中最重要的信息就是热力学量——熵,即表示一个热循环系统中无法转换为机械能的热能的量. 熵还可以作为信息的度量.

熵(来自希腊文“轮换”)最早由克劳修斯(Rudolf Clausius)于1865年定义为一个限制蒸汽机功率的热力学量. 热有很多熵. 热机,例如蒸汽机,必须对熵进行处理,通常以排气的形式. 热机无法把所有的热能都用来做功. 克劳修斯发现,熵会一直增加.

19世纪末,统计力学的奠基人——麦克斯韦、玻尔兹曼和吉布斯——发现熵同时还有信息的形式:熵表示组成世界的原子和分子所携带的、不能被利用的信息的比特数. 因此,热力学第二定律还可以理解为物理定律对信息的保护,我们接下来就会讲到. 大自然不会摧毁比特.

看起来仅仅精确地描述单个原子的位置和速度就需要无限多比特的熵,但我学习的统计力学课程反对这个观念. 廷克汉说:“并非如此.”主宰着物理系统微观行为的量子力学定律,能够保证原子和分子只携带有限数量的信息.

性感的比特! 真是伟大的东西,尽管当时我没有完全理解它.

所有的物理系统都可以用信息来描述. 麦克斯韦、玻尔兹曼还有吉布斯发现这个道理的时间,比"比特"这个词的发明还早了 50 年!但量子力学是什么呢? 显然,我需要学习更多的知识. 于是,我就选修了拉姆齐的量子力学. 拉姆齐是世界上最专业的量子力学"按摩师"之一. 他提出了很多探测原子和分子奥秘的技术,并获得了诺贝尔物理学奖.

但是对拉姆齐来说习以为常的量子力学却始终困扰着我. 比如,一个电子怎么可能同时出现在两个地方? 拉姆齐通过详细的实验数据告诉我们不仅电子可以同时存在不同的地方,而且量子力学要求这个电子必须同时存在不同的地方. 一开始在教室里听这门课,绝大多数学生只能望着幻灯放映机射出的光线发呆. 我不是这样,因为我一直没有从这种恍惚的状态中清醒过来. 直到多年后,我加入拉姆齐在法国格勒诺布尔(Grenoble)的研究组,从事中子内电荷分布的测量工作.

不带电的中子和带电的质子组成了原子核,而中子和质子本身又是由带电的夸克组成. 拉姆齐想测量的电荷分布是要精确到中子里夸克之间的距离,即一千亿亿亿分之一米的距离. 这个距离对于中子的大小,就像中子的大小对于我们的大小一样. 这个实验先要从核反应中产生中子,将其冷却下来(最后一步冷却,中子就像登山一样逐渐累到停下来)后,用电场和磁场将其控制住,然后把它们"按摩"到特定的态来获取它们内部的信息.

如你所猜,你需要非常精确敏感地处理一个中子来获取其内部信息. 这个实验的每一步都不能出丝毫差错,否则什么都得不到. 我们实验中的中子就很无情,无论我们进行多少次抛光电极和抽真空,它们始终拒绝和我们对话. 在这个难熬的时期,拉姆齐让我做一个简单的计算,看看在光场中有多少中子在顺时针自旋,同时又在逆时针自旋. 这也许是我第一次做关于真实实验的计算,或者可能是因为拉姆齐"打了个响指",总之,我如梦初醒.

中子必须同时顺时针和逆时针自旋. 它们没有别的选择,这是由它们的本性(自旋 1/2)决定的. 中子的语言不是简单的 yes 或 no,而是同时说 yes 和 no. 如果我想和中子对话,我必须听它们同时说 yes 和 no. 这听起来确实很令人迷惑. 不过,我最终还是学会了与它们交流用的“量子情话”(quantum language of love)①. 在下一章里,你可以自己学着说一点量子情话.

廷克汉的统计力学让我知道了物质实体可以看作是由信息构成的. 拉姆齐的量子力学教我学会了物理定律如何决定着信息的表达和处理. 在学过这些课程以后,我所从事的绝大部分科学工作都是关于物理和信息之间的相互作用的. 宇宙的计算本性其实就是来自于它们之间的相互作用.

4.3 原子假说

20 世纪中叶,信息的数学理论由奈奎斯特(Harry Nyquist)、香农(Claude Shannon)和维纳(Norbert Wiener)等人建立. 研究人员用数学方法推导出了信道(如电话线)传输的可靠信息的比特数公式. 当香农向数学家冯·诺依曼(John Von Neumann)展示他的新公式,并问他如何命名自己新定义的量时,

冯·诺依曼回答:“H”.

“为什么是 H?”香农问.

“因为玻尔兹曼就是这么叫它的.”冯·诺依曼回答.

信息论的基本公式早已被麦克斯韦、玻尔兹曼和吉布斯推导出来了.

想理解信息和原子的关系,可以回到原子假说诞生的时候. 古希腊哲学家假设所有物质都是由原子组成的(希腊语中,原子意思是“不可再分割”).

原子假说基于一个美学概念:对无限的厌恶. 古人并不相信人类能把物质无限地分下去. 牛顿和莱布尼兹(Gottfried Wilhelm Leibniz)在 17 世纪才发明微积分,即用来处理无限小问题的数学工具. 可以用这个数学工具建立数学模型来描述早期认为连续无限可分的固体、液体和气体物质. 但是在 19 世纪下半叶,实验观测证据开始支持原子假说,即物质是由非常小、彼此分离的单元构成

① 拉姆齐还教给了我一门称为爱的语言的课,即法语. 有一次在拉姆齐教授的办公室,两位来自法兰西科学院的院士曾问他:“为什么法语没成为国际通用的科学语言呢?”拉姆齐马上用他带着中西部口音的流利的法语回答他们,于是天就聊不下去了. 事实上,法兰西科学院对英语成为国际通用的科学语言有贡献,因为它在 17 世纪成为第一个放弃了拉丁语作为国际语言,并使用本国语言出版院刊的科学院. 英国人和德国人紧随其后. 接下来的事就是一个历史的意外.

的，而不是连续的.

如果用显微镜观察悬在液体中的灰尘颗粒，你会看到它们在做无规则的布朗运动. 这种运动是由于灰尘颗粒被液体中的分子沿各个方向无序撞击导致的. 当灰尘颗粒左边受到的分子撞击比右边多时，灰尘颗粒向右运动. 当分子从上往下撞击灰尘颗粒时，它会向下运动. 在 20 世纪初，爱因斯坦对布朗运动给出了一个精致的定量理论，指出观测到的布朗运动由更小的颗粒撞击产生. 原子假说正式回归.

在爱因斯坦这项工作之前，原子假说已被用作解释热和能量行为的坚实基础. 热是能量的一种形式. 18 世纪，汤普森(Benjamin Thompson)伯爵演示了一个著名的实验，即用马拉的钻头给泡在水里的加农炮钻孔. 首先，马一圈一圈地拉动钻头，让钻头在加农炮筒上不断钻孔削出金属. 最终水被加热至沸腾. 于是，他建立了马力和热的关系. 机械能和热能之间的转换在 19 世纪中叶由热力学第一定律给出：能量在机械能转换成热能的过程中保持守恒. 不同于机械能，热能有着神秘的“熵”的属性. 熵导致一部分热能不能用来做功. 就像能量一样，熵也可以通过实验进行定量：当机械能转化成热能时，产生的熵等于能量除以温度. 当热能转化成机械能时，例如在瓦特的蒸汽机里，排出的冷蒸汽的熵，要大于或等于转化前热蒸汽的熵. 熵，不管它是什么，永远不会减少.

到底什么是熵？原子假说给出了答案. 热是能量的一种形式，熵和热相关. 如果物质是由原子组成，那么热就有了简单的解释：热就是原子无序运动的能量. 熵也有了简单的解释：描述原子的无序运动所需要的大量比特信息. 熵的大小正比于用来描述原子无序运动的比特数.

19 世纪，科学家们难以直观想象热是原子无序运动的能量. 然而，自伽利略和牛顿开始，物理学家就知道每个运动的东西都具有能量——动能. 一个东西运动越快，动能就越多. 当机械能转化成热时，即如汤普森实验里马拉钻头加热了水那样，机械能转化成了水分子的动能. 类似地，当热蒸汽移动蒸汽机里的活塞时，蒸汽里水分子的动能便转化成了活塞的动能. 当机械能转化成原子和分子的动能，或者反过来时，热力学第一定律将确保总能量守恒. 当然，19 世纪的科学家不会认为熵是信息. 在如今的信息时代，信息和能量一样是一个基本的物理量已经不会令人惊奇. 然而在 19 世纪末则不然，人们甚至不认为信息是一个物理量.

19 世纪中叶，麦克斯韦建立了一个基于原子运动的热学理论.

他指出原子运动的速度是温度的函数:一个原子的动能与它的温度成正比.一个东西越热,它内部原子的无序运动就越快.

无序运动也和熵有关,原子无序运动得越快,需要用来描述它们无序运动的信息也就越多,因此熵也就越大.温度可以用来描述信息和能量之间的转换:高温的原子需要更多的能量来携带1比特信息,低温的原子则需要更少的能量来携带1比特信息.温度就是每比特的能量数.当能量从热的东西流向冷的东西时,熵就增加了,同样多的能量在高温时携带的信息比低温时少.熵最大的态就是所有东西处于相同温度时的状态.

麦克斯韦发现如果我们可以从气体中原子的微观行为获取信息,那么我们就可以减少熵:熵与信息相关.在一篇著名的短文《智慧生物减少熵》(*On the Decrease of Entropy by Intelligent Beings*)中,麦克斯韦设想了一个微小的智慧生物,或者说一个"小妖"(图4.1),它能够把热量从冷的物体移动到热的物体,从而违反热力学第二定律.

图4.1 麦克斯韦妖

麦克斯韦妖是一个行动迅速的想象生物,它可以在一个一分为二的容器里,把热的分子都放到一边,把冷的分子都放到另一边,从而违反热力学第二定律.

想象一个充满氦气、用隔板从中间一分为二的容器.在中间的隔板上有个小门,大小只够几个原子同时通过.麦克斯韦妖在门旁边监视着原子,并且当较冷一侧的原子比较热一侧的原子速度快时开门,把原子放过去,其余时间都关门.每当麦克斯韦妖开一次门时,较热的原子一定会到热的一边,较冷的原子一定会到冷的一边.反复多次.热的一边会越来越热,冷的一边会越来越冷.

麦克斯韦妖把热量从冷的地方转移到热的地方，这明显违背了热力学第二定律，因为热力学第二定律认为热量只能从热的地方流向冷的地方. **其实，这是因为妖有能力获取原子的信息，从而表面上违反了热力学第二定律.**

实际上，麦克斯韦妖没有违反热力学第二定律. 它在这里的实质是气体和妖的总熵(信息)不会减少. 热力学第二定律仍然有效，而且熵和信息的关系在这里变得更为清楚.

随着19世纪的结束，玻尔兹曼、吉布斯还有德国物理学家普朗克(Max Planck)重新建立了原子体系内能量和熵的公式. 他们发现一个系统的熵正比于用来描述这个系统内每个原子的微观状态的比特数. 这个发现对描述热和能量之间的转换非常有用，而且表述这一发现的公式被铭刻在了玻尔兹曼的墓碑上. 熵用 S 表示，微观状态数(普朗克称之为复杂度)用 W 表示. W 代表单个原子的或者一个系统的复杂度. 玻尔兹曼的墓志铭就是“$S = k\log W$”，它代表着熵正比于微观状态所携带的比特数. 这里，k 为玻尔兹曼常数.

埃伦费思特(Ehrenfest)夫妇在熵的研究方面作出了很多早期的贡献. 他们指出这个公式其实最先是由普朗克写出的，所以这里的玻尔兹曼常数应该叫普朗克常数. 但如我们所知，量子力学中已经有了一个非常重要的常数以普朗克来命名，因此为了防止混淆，同时为了纪念玻尔兹曼，k 就一直被命名为玻尔兹曼常数了. 众所周知，玻尔兹曼情绪不稳定，他在1906年从美国访问归来后不久便自杀身亡. 大家可以想想要是他知道自己墓碑上刻着别人最先提出的公式会是什么样的心情.

麦克斯韦、玻尔兹曼、吉布斯和普朗克发现了熵正比于原子微观运动所携带信息的比特数. 当然，这些19世纪的科学家并没有想到他们的发现对信息学多么重要. 当时，熵并没有用比特来衡量，因此他们认为自己的发现只是热力学熵——限制热机效率的物理量的恰当表达. 他们是对的. 既然熵当时不是用比特来衡量的，那么就要乘上玻尔兹曼常数将代表信息的熵转换为热力学熵. 但无论他们知道与否，统计力学的先驱者实际上比信息的数学理论建立者早50年发现了信息的公式.

那么，一个物理系统如气体是如何携带信息的呢? 想象一个小孩玩的氦气球. 氦原子在气球里互相撞来撞去，并撞击气球内表面. 每个氦原子都携带着信息：用来描述它在哪儿(位置)和它多快(速度)的信息. 为了描述一个原子携带的信息量，你必须定义原子位置和速度的最小尺度(即精度). 因此,一个原子携带的比特数等于在该精度下描述这个原子位置和速度的总比特数. 后面,我们会看到量子力学如何决定了这个位置和速度的最小尺度. 在这个尺度下,我们能确定气球里每一个原子大概携带 20 比特. 这个氦气球携带的总比特数,大约为总的原子数(6×10^{23})乘上一个原子携带的比特数,最终为 10 亿亿亿(10^{25})比特的信息.

这真是很多很多的信息. 这本书大概包含了几百万比特的信息. 美国国会图书馆的几百万本藏书也只包含几万亿比特的信息. 世界上所有的计算机总共也就包含几百亿亿比特的信息. 所以,人类有史以来无论是手写的还是电子存储的所有信息加在一起,还没一个氦气球里的原子所携带的信息多.

但要提醒你的是,气球里这些氦原子的信息可不好读取. 就像猴子打字员所打的文字,这些原子携带的比特基本上完全随机,杂乱无章. 即使某一时刻,一些氦原子的位置和速度信息突然组成了《哈姆雷特》全篇,但是它们瞬间还是会回到完全随机状态.

4.4 兰道尔原理

热力学第二定律意味着总的信息量不会减少. 在前面提到的氦气球里,热力学第二定律意味着如果你不管它,里面氦原子携带的信息不会减少. 不过,如果你把气球降温或是冷冻,或者直接放气,气球里氦原子携带的比特数就会减少——代价是气球外面的原子携带的比特数增加了.

信息可以产生但不会毁灭. 想象一下转换一个比特数:把比特从 0 变成 1,反之从 1 变成 0. 这个过程保留着信息:如果转换之前是 0,转换之后就是 1.

相对,擦除就是毁灭信息的操作. 擦除过程中,之前是 0 的结果还是 0,之前是 1 的结果变为 0. 擦除即是以比特为单位毁灭信息. 但是物理定律(即前面讲述的热力学第二定律)不允许你白白擦除一个比特数. 擦除一个比特数的代价是在其他地方必定出现同样数量的信息(从而保证信息总量不会减少). 这就是兰道尔原理,以信息物理学先驱者兰道尔命名. 兰道尔在 20 世纪 60 年代初发现了这个原理.

可以通过计算机里对比特的擦除来理解兰道尔原理. 如第 2 章所述,在目前的电子计算机里比特被储存在电容里. 电容就像一个装电子的桶.当你给电容充电时,相当于桶里装满了电子;给电容放电时,相当于把电子倒出这个桶.在计算机里,未充电的电容携带的比特是0,充电后为1.

在电子计算机里擦除1比特信息,就是把这个电容清空而已:关掉开关,让电子流出电容.电容放电完成,电子被全部倒出桶外,这是比特就为0了.但是电子的微观状态会"记住"电容是否放电,也就是说,当电子流出电容时,它们会被加热.这个温度的变化反映了电容的初态,即初态的信息比特转移到了电子微观运动的信息比特上.

另一种擦除比特的方法是用另一个0比特与之交换.这种交换比特的方法也会保留信息,想恢复到原始比特,只需要再交换回去.交换之前,第一个比特是0或1,含有1比特的熵;第二个比特为0,不含熵.交换之后,第一个比特为0,即原来的比特被擦除;第二个比特为1或0,含有与交换前第一个比特一样的熵.交换比特就等于把信息和熵从一个地方转移到另一个地方,总信息量不变.交换即在一个寄存器里擦除1比特信息,同时在另一个寄存器里保留此信息.回到计算机电容的例子,给它放电,或者说清除这个比特,相当于把电容携带的信息交换给了电子.

物理定律对信息起保护作用.用数学语言说,封闭物理系统的动力学定律是一对一的:**每一个输入只对应一个输出,每一个输出只对应一个输入**.因此,可以逆推:如果知道一个物理系统现在的状态,原则上你就可以通过它的演化动力学来确定它上一时刻和下一时刻的状态.

例如,如果知道气球里氦原子的精确状态、氦原子间的碰撞以及氦原子与气球内壁碰撞的精确动力学,你就可以精确地得到这些原子后面每一时刻的状态,因为后面任意时刻的状态都是确定的.同样,由于任何一个态都是从完全确定的态演化而来的,因此用精确的状态和动力学可以反推出上一时刻的状态.在转换比特时,如果知道这个比特之前的状态,你就会知道它之后的状态.物理动力学过程就是这样保护着信息.

这种保护使得热机(如蒸汽机或者电动机)无法把能量从热能中全部提取出来.热蒸汽有很多能量,也有很多比特.气体的温度正比于每个比特的平均能量.热气体中,每个比特含有的能量多;冷气体中,每个比特含有的能量少.当气体的能量被抽走(如气体推动活塞)时,比特依然会留下来.移动的活塞把热能转换成了机械能,平均每个原子的能量(即每个比特含有的能量)减少,气体被冷却. 但是气体的温度不可能冷到绝对零度. 每一个原子(即每一个原子携带的比特)仍然需要一定的能量,所以一部分能量还要留在气体里,而不是变成机械能. 因此,不是所有能量都可以变成机械能而做功.

几个世纪以来,很多发明家都想让机器做功的效率比可能的最大效率还要高. 他们试图违反热力学第二定律. 这种机器称作**永动机,即永远运动的机器.** ①

如你所料,这样的机器不可能出现,因为它们无法提供额外的信息来防止信息减少. 经过几个世纪的努力,人类不得不放弃永动机的想法. 在过去的 15 年里,我经常被邀请评审一些想从物理系统中提取超过热力学第二定律限制的能量的方案. 他们都失败了. 从信息角度看,无论这些发明者提出的方案多么复杂,他们都把信息扫到了地毯下面(即信息减少).

4.5 未知扩散

物理定律对信息起保护作用. 一个系统携带的信息(如那个氦气球)不会减少. 这种信息保护机制限制了热能向机械能的转换,即热力学第二定律. 但是现在有一个问题:根据物理定律,总信息量也不会增加. 实际上,物理定律指出如果一个系统没有与另一个系统发生相互作用,它的总信息量会不增不减,保持守恒. 那么,熵,即我们指出的信息的一种形式,如何在保持系统总信息量不变的情况下增加呢? 可获取的信息如何变成了不可获取的信息? 我们一开始知道,熵是衡量多少能量可以被利用的物理量. 熵小的能量(自由能)有用,熵大的能量无用. 也许这么理解熵的增加更简单:能量总是倾向于从有用变成无用. 洗澡水变凉,汽车排尾气,牛奶变质,等等. 那么我们怎么从信息角度理解这个过程呢? 答案来自于大自然的一个本性,我称之为"未知扩散". 未知的比特会影响已知的比特.

我们已经知道熵是原子微观无规则运动的信息——这种无规则运动对现在最先进的显微镜来说也太过微小. 气球里每个氦原子大概携带 20 比特信息. 除非我们知道一个原子在气球里的准确

---

① 技术上说,这种用热做功而不引起耗散(熵增),即不受信息影响的机器称为第二类永动机;第一类永动机是永远运行却不把能量转换为热或者把热转换为能量的机器. (译者注:此处正文中指的是第二类永动机.)

位置和准确速度(达到量子力学允许的最高精度),否则我们无法读取这些信息.换言之,熵是看不到的信息,也是"未知"的度量.

其实,我们多少能获取一点气球里氦原子的信息,例如,我们可以测量气球的宏观状态:它的尺寸、温度及球内的气压等.对于这样一个气球,通常我们只能获取几百比特的信息.对于任何一个系统,我们都可以区分已知的比特和未知的比特.我们不知道的那些比特组成了这个系统的熵:1比特的熵就是1比特的未知.

注意,已知和未知的信息带有一定的主观性.不同的人知道不同的事情.例如,你发给我一封含有100比特的电子邮件,你知道这些比特是什么,因为这封邮件是你发的.对你来说,这封电子邮件里的信息是已知的.在打开这封邮件之前,我不知道这些比特是什么,它们对我来说是不可见的.从这点考虑,我就可以把这100比特当成熵.所以,不同的观察者对一个系统可以得到不同的熵.还记得麦克斯韦妖吗?它监视着气体的微观状态,比那些只知道气体温度和气压的观察者拥有多得多的信息.即在麦克斯韦妖的眼中,气体的熵要小于宏观观察者看到的熵.

根据热力学第二定律,重要的是一个物理系统的总信息量.一个物理系统中总信息量,即已知信息和未知信息的总和,就不再依赖于它怎么被观测了.

假设一个未知的比特信息和一个已知的比特信息相互作用.作用之后,第一个比特仍然未知,第二个比特变成了未知.未知的比特就这样影响了已知的比特.未知得以扩散,系统的熵增加.我们可以用之前的计算思维来解释大自然的这种未知扩散.

考虑两个比特.第一个比特未知:它或是0,或是1.第二个比特已知,比如0.因此,两个比特组合在一起要么是00,要么是10.然后,给这两个比特一个简单的逻辑操作.即只有当第一个比特是1时,翻转第二个比特.这个逻辑操作就是"受控非"(controlled-NOT),因为它对第二个比特做了一个翻转(或者"非"操作),这个操作由第一个比特(目前还未知)决定.如果第一个比特是1,受控非就把第二个比特从0变成1.如果第一个比特是0,受控非操作使第二个比特仍为0.经过这个受控非操作后,这两个比特组合在一起要么是00,要么是11.两个比特就这样相关联了,它们拥有同样的值.我们知道第一个比特的值就知道了第二个比特的值,反之亦然.

在这个操作之后,第一个比特仍然是未知的:它或是0,或是1.但注意第二个比特,它也变成未知的了,或是0,或是1.可是,第二个比特在受控非操作之前是 0，是已知的．这个受控非操作把第一个未知的比特给了第二个比特——未知扩散！（这种未知扩散是可逆的．想把这两个比特还原，只需要再做一次受控非操作，即总共进行两次操作．两次受控非操作后相当于什么也没发生．）

未知扩散增加了系统每个比特的熵．第一个比特的熵还是 1 比特，但是第二个比特的熵增加了．两个比特**放在一起**的整体熵不变．在受控非操作之前，两个比特在两个状态上二选一，即 00 或 10．开始时，只有 1 比特的熵，并且都在第一个比特上．在受控非操作之后，两个比特在 00 或 11 上二选一．总的熵还是 1 比特，但扩散到了两个比特上．

这种未知扩散还体现在"互信息"上．每个比特只含 1 比特的熵，但两个比特可以一起承载 1 比特的熵．这里，互信息是两个比特各自的熵的和减去两个比特放在一起的整体熵．换句话说，两个比特只含有 1 比特的互信息，无论它们的互信息是什么．①

4.6 原子未知

这种信息的未知扩散本性也体现在原子碰撞以及比特计算上．气体里每个原子都趋向于熵增的论证最早由玻尔兹曼在 1880 年代提出．玻尔兹曼定义了一个名为 H 的物理量，表示气体中原子的位置和速度信息的已知程度．

实际上，玻尔兹曼的 H 就是单独原子的熵乘上 -1．他指出当那些原子的位置和速度都互不相关时，碰撞可以导致 H 的减少，从而增加单独原子的熵．原子间不断地碰撞，就会不断地增加熵．于是，他通过这个 H 定理给出了熵必须增加的数学证明，从而证明了热力学第二定律．

玻尔兹曼 H 定理的问题在于它不是对气体内原子的真实描述．在不相关的原子通过碰撞增加彼此的熵这点上，玻尔兹曼非常正确．但熵增的深层次原因是信息的"未知扩散"属性．

当两个原子碰撞时，任何来自第一个原子的位置和速度不确定性都会传染给第二个原子，使其位置和速度也变得不确定，从而增加了熵．第二个原子的熵增可以类比于前面提到的第二个比特

---

① 译者注：这里实际是说两粒子体系的整体不确定度不一定等于两个粒子各自不确定度之和．在量子力学里，两粒子纠缠是一个确定的纯态（熵为 0），但是两个粒子各自的状态却是混态（熵大于 0）．

经过受控非操作之后的熵增.

H 定理的瑕疵和原子间的不断碰撞有关. 当两个原子碰撞并交换信息时,接下来的碰撞能减少单个原子的熵. 要理解为什么原子间的碰撞还能减少熵,让我们回到之前的两个比特问题. 当对两个比特进行第一个受控非操作时,第一个比特的熵被传染给了第二个比特,结果是增加了第二个比特的熵. 但如果再做一个相同的受控非操作,第二个比特就会回到初始状态——那个确定的态. 于是,熵又减少到以前了.

原则上,一个类似的使熵减少的可逆操作也会发生在原子身上. 当玻尔兹曼用他的 H 定理证明热力学第二定律时,他的同事洛施密特(Joseph Loschmidt)指出 H 定理不会一直正确,因为可能有可逆地导致熵减的碰撞存在.(这种导致原子速度反转的东西称作洛施密特妖,看来那个年代每个人都有个妖.)对于这个(正确)观点,玻尔兹曼讥讽道:"去吧,反转它们."

玻尔兹曼 H 定理的观点最初来自于对原子碰撞的一个假设,即"分子混沌假说". 即使两个原子的位置和速度在碰撞前相关联,但不断地碰撞也还是会减弱这种关联. 尽管有可能两个原子在碰撞时不关联,碰撞后变得关联,但是当它们各自和其他原子碰撞时,它们之间的关联就减弱了.

玻尔兹曼指出当两个原子下一次碰撞时,可以假设它们就不再关联了,就像两个原子从未碰撞一样. 如果分子混沌的假设是正确的,那么每个原子的熵都会增加. 原则上,如果把这个碰撞过程完全反转(如洛施密特提出的),增加的熵还会减少回去. 但实际上这种反转发生的概率太小了.

这个"分子混沌假说"适用于很多复杂系统,如气体系统. 但是它不是对所有的物理系统都适用. 我们会发现,在很多物理系统中部分之间的相互作用是可以逆转的,即可以把增加的熵又减少回去.

但是,总的来说,玻尔兹曼的假设很有效. 即使原子碰撞过一次,它们之后的碰撞也倾向于增加它们的熵. 为什么这个"分子混沌假说"如此有效? 在我的硕士论文《未知扩散》(*The Spread of Ignorance*)和博士论文《黑洞、妖和退相干》(*Black Holes, Demons, and the Loss of Coherence*)中,我从未知扩散的角度来处理热力学第二定律,从而给出了一个答案. 这个方法显示玻尔兹曼的 H 定理对"绝大部分物理系统"来说"大体上是对的".

4.7 斯诺克

在介绍我的方法之前，先介绍一些背景. 从哈佛毕业后，我通过马歇尔奖学金去了剑桥大学. 这个奖学金是由英国政府资助的，用来感谢马歇尔计划重建了第二次世界大战之后的欧洲.（这个感谢持续得很短. 在剑桥的第一天，我去了一个叫火车头（Locomotive）的酒吧，坐在我旁边的同伴染了一头绿发，戴着狗项圈耍酷. 当我跟他说我是英国政府资助来剑桥学习的美国人时，他马上就把我从座位上赶走了.）我在剑桥的第一年学习了“数学Ⅲ”，这是一门与数学和物理都相关的课程，目标就是让你为了学位而牺牲所有的休息时间. 那些在“数学Ⅲ”拿到高分的学生基本上都会接着攻读博士. 最顶尖的学生被称作牧马人（wranglers，排第一哟！）. 麦克斯韦当年就是一个“牧马人”. 至于其他人，我们就说最差的学生，毕业时对他的奖励是一把四英尺长的木勺.

想成为牧马人，你要不停地学习. 我很多学习数学Ⅲ的同学就天天泡在图书馆，个性全无. 在这之前，我通过读福斯特（Edward Forster）的小说和欧文（Wilfred Owen）的诗早已了解过剑桥大学的学生生活. 我不想垫底，如果说这里有我想研究的物理，那也只是八个人划船去格兰切斯特[①]时候用到的力学和流体力学什么的. 早上上完课，我就去河边的酒吧，躺在应用数学与理论物理系（简称 DAMTP）楼前的草坪上，吃个康瓦尔菜肉饼，喝杯吉尼斯黑啤酒. 然后，我要么去河里划一会儿船，要么去研究生活动厅打一次斯诺克.

斯诺克是台球的一种，但它的球台比普通台球的大很多. 那种击打远台用的球杆简直能拿来当跳高的撑杆了. 斯诺克和板球、草地保龄球、牧羊很像，它们都有英国电视体育项目的经典特色：在一片绿色的平面上，小物体分布其中（如人、球、羊）. 斯诺克与普通台球相同的是，它的目标就是用球杆击打白球来撞击彩色球，让彩色球进洞. 但与普通台球不同的是，斯诺克要先打红球，然后才能打黄球、绿球、褐球、蓝球、粉球和黑球.

熵增的奥秘可以在斯诺克里体现. 两个球在二维平面上的碰撞就像两个氦原子在三维空间碰撞一样. 比赛一开始，球都是静止

---

① 译者注：此处指剑桥和牛津之间的传统划艇赛.

的，熵很小. 击球几次，球就会分布在球台上，位置由之前球杆击球和球之间的碰撞决定. 不确定性来自于白色母球，只有少量比特的未知信息影响着整个球台上所有的球.

20 世纪初，波莱尔，就是提出猴子打字的那个人，指出熵增可以被理解为来自那些扩散信息的系统间的相互作用. 从他的观点出发，我的学位论文指出系统内各个部分，如气体中的原子或斯诺克球台上的球(图 4.2)，它们之间的相互作用会导致熵的增加，即使它们之前已经相互作用过. 这个结果支持玻尔兹曼的分子混沌假说，因为该假说指出两个原子之间的相互碰撞会增加系统的熵，即使它们之前已经相互碰撞过. 最终，一个系统的熵会趋向于最大值.

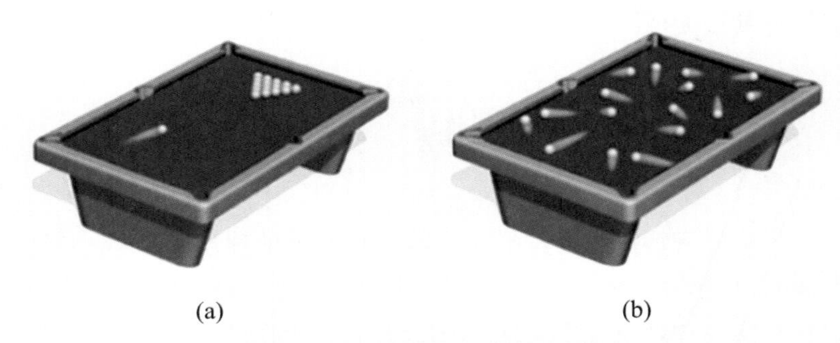

(a) (b)

图 4.2 台球和热力学第二定律

(a) 彩球处于低熵状态，三角形排列. 白色母球正撞向它们；(b) 被白色母球撞击后，彩球就被打散，它们的熵和随机性随着每次撞击都会增加.

当原子相撞，它们会交换信息，并扩散熵. 任何一个原子任何态的未知都会扩散给另一个原子. 未知扩散也同样出现在斯诺克上. 母球(白球)把它的一部分速度(即一部分比特)传给了红球. 红球撞到粉球，又扩散给粉球一部分来自于母球的比特. 越来越多的撞击发生，分布在这些球上的未知比特就会增加，直到比特(和球)分布在整个球台上. 比特会传染.

一个非常有趣的情况是系统宏观状态的信息(那些我们能直接观察和测量的信息)会因为比特的传染变成微观的、不可见的信息(即熵). 随着时间流逝，我们会发现那些微观的、隐藏的信息，会影响宏观的、可以被观察到的信息. 最终，系统比特所含的信息和熵趋向于最大的可能取值. 微观比特对宏观比特的影响是混沌的特征之一. 混沌系统就是一种通过动力学把微小的扰动放大的系统，微观的信息可以被放大到宏观. 在混沌系统中，微观的不可见信息影响着宏观的可见信息，导致可观测结果变得不确定，如同蝴蝶效应导致飓风一样.

斯诺克台球之间的碰撞也是一个混沌过程. 假设你在击打白色母球时出了一点差错,它的速度和方向变了那么一点,那么这个偏差就会随着白球撞击红球被放大. 红球的方向就会发生很大的偏差,远远大于你击打母球时产生的偏差. 碰撞越多,偏差越大. 如果你计划让红球撞到粉球后再撞第三个球,将第三个球撞进洞,你很大可能会失败. 因为到第三次碰撞时,初始的一点小偏差已被放大为不可控制的.

未知扩散,个体的熵增. 在热力学第二定律中,熵增就像传染病. 未知的比特就像病毒,通过相互作用它们不断被复制和扩散,最终导致一个系统的所有部分都被传染. 这时,系统各个部分的熵就接近其最大值.

4.8 自旋回波效应

当洛施密特提出通过瞬间反转所有原子的速度可以减小气体的熵时,玻尔兹曼就嘲笑他. 但我们现在知道,洛施密特的想法可以在真实的物理系统里实现(图 4.3). 在这个系统中,熵可以减少,表面上违反了热力学第二定律(实际上没有).

如果我们反转一个系统所有组成部分的运动,结果会如何? 系统各个部分之间的相互作用自动取消,结果减少了熵. 洛施密特最初的设想——反转气体中所有原子的速度——不切实际. 但是有些系统,当玻尔兹曼提出"反转它们"的挑战时,你能做到.

一个简单的例子就是前面提到过的受控非操作. 经过这个直接的逻辑操作,只有第一个比特(控制比特)是 1 时,会产生比特传递. 即第二个比特初值是 0,控制比特是 0 或 1,则受控非操作之后,两个比特要么全为 0,要么全为 1. 受控非操作使一开始没有熵的第二个比特与第一个比特相关联,因此有了 1 比特的熵. 就这样,第一个比特把未知传染给了第二个比特,使它的熵增加.

抵消受控非操作,只需要再操作一次. 第一次受控非操作后,两个比特要么全是 0,要么全是 1. 第二次受控非操作后,若控制比特是 0,则第二个比特仍为 0;若受控比特是 1,则第二个比特从 1 变成 0. 在任何一种情况下,第二个受控非操作都会使第二个比特为 0. 于是,第二个比特的熵也消失了.

图 4.3 台球和洛施密特佯谬

(a) 洛施密特指出如果能反转气体中所有原子的速度,或者反转球桌上所有台球的速度,系统的熵就会减少;此图与图 4.2(b)里台球的位置都相同,只是速度发生反转;(b) 速度反转之后,如果不考虑摩擦力,台球就会沿原路返回,最终回到最初的状态,即低熵的排布.

自旋回波效应也可以实现洛施密特的设想.理解自旋回波效应可以通过它的宏观类比,即赛跑运动员在跑道上排成一排等待发令枪响.枪声一响,全体沿着跑道一圈又一圈地跑.由于每个选手的速度都不同,并且有人在内道跑,有人在外道跑.所以几圈之后,队形就沿着跑道完全散开了.十分钟之后,第二声枪响.听到第二声枪响之后,所有的选手都就地转身,反向奔跑.如果他们跑步的速率不变,他们就会慢慢重新聚在一起,逐渐缩小距离.十分钟之后,他们又一起回到出发点排成一排.

在自旋回波效应中,选手们就是原子核的自旋.质子和中子组成了原子核,它们的自旋好比是陀螺,取向要么向上,要么向下.这个取向由自旋方向决定:想象一个平放在桌子上的钟表的指针,“自旋向上”就是指针逆时针旋转,“自旋向下”就是指针顺时针旋转.更简单的方法是右手握拳,伸出拇指,四指代表质子或中子的自旋,则拇指的指向即是这个自旋的方向,向上或者向下.

想象一堆质子一开始自旋朝向同一个方向.如果自旋都是已知的,那么熵就为 0.这时,一个微波脉冲给了所有自旋一点进动(进动就是陀螺在重力下的倾斜绕圈运动,核自旋就像小陀螺,在磁场中倾斜绕圈).每一个自旋的进动都会有微小差别,最终导致这些自旋指向各个方向,就像赛跑选手在跑道上分布到各个位置一样.自旋进动的速率由它所在位置的磁场决定,这个“速率”就是不可见的信息,无法被宏观观察者获得.既然自旋的指向(向上或向下)成了未知,自旋也就有了最大的熵,其最大熵为确定它们的指向到量子力学允许的精度所需的比特数.

每个单独自旋的熵增都是信息蔓延导致熵增的例子.进动的

自旋被所在位置磁场的信息所影响. 如果掌握了这些信息，我们就能推测出自旋的指向. 但我们没有这些信息，而且自旋与磁场关联，它们的熵就增加了.

这时，“回波”出现. 第二个微波脉冲把之前自旋进动的角度给反转了. 例如，转+60 度变成转−60 度. 这样，每个自旋的进动角都被转回了初始的位置. 经过相同的时间，自旋都回到了初始相同指向的状态. 熵减回到 0.

第一次在实验上观测到自旋回波效应已经是 50 年前了. 除此之外，还有很多系统可以实现洛施密特的想法，不过大体上都类似. 如果你是个拥有足够技术的实验物理学家，当玻尔兹曼说“反转它们”时，你就能够反转它们!

为什么自旋回波效应没有违反热力学第二定律? 热力学第二定律说熵增不可逆. 而在自旋回波效应的例子中，熵只是**在表面上**增加了. 尽管自旋的熵就它们本身而言在回波过程中先增后减，但自旋和磁场**放在一起**的熵始终保持不变.

4.9 驱除麦克斯韦妖

还有第二种方法可以减小熵. 熵是未知的信息(不可见)，如果未知的信息变成了已知的，不可见的信息变成了可见的呢? 当你获得信息时会发生什么? 答案是熵减少了.

这种熵减少的方式最早由麦克斯韦提出. 他提出的麦克斯韦妖就是通过获取气体中足够的微观信息来减小熵的. 科学家想了很多方式驱除这个小妖. 理论上，完全的驱除方式目前还未完成(我曾经也做过这方面研究). 尽管多年来麦克斯韦妖带来了很多迷惑，但最后的解答是简单的：底层的物理定律会保护信息. 所以，气体和妖的总的“信息(熵)”不会减少.

实际上，这个简单的解答有些微妙. 在后面的章节里，我会给出量子力学版本的麦克斯韦妖，它能从细节上解释这个妖如何获得信息和工作的. 目前，我们还是先从简单的比特模型来探讨. 拿两个比特，第一个比特对应妖，初态是 0；第二个比特对应气体，初态是 0 或 1. 妖一开始没有熵，而气体的熵是 1 比特.

提取熵的第一步，就是用妖的比特来得到气体的比特. 这可以通过前面讲的受控非操作来实现. 用气体的比特当作控制比特，然后对妖的比特做受控非操作. 只有气体的比特是 1 时，妖的比特才会变成 1. 经过一次受控非操作后，妖的比特会和气体的比特一样：要么全为 0，要么全为 1. 于是，妖的比特和气体的比特只有 1 比特的互信息. 实际上，妖的比特通过测量气体比特的态获取了互信息.

第二步就是让妖来减小气体的熵. 妖可以通过用自己的比特作为控制比特，对气体比特做一个受控非操作来实现. 既然两个比特已经相同了，那么第二个受控非操作会把气体的比特变成 0：如果妖的比特是 0，那么气体的比特就还是 0；如果妖的比特是 1，则气体的比特由 1 变成 0. 无论哪种情况，气体的比特都完全为 0，携带的熵也为 0. 于是，妖把气体的熵从 1 比特减小到了 0.

那么，末态自然变成这样：气体的比特为 0，妖的比特要么为 0（如果气体最开始比特是 0），要么为 1（如果气体最开始的比特是 1）. 这两次受控非操作起到了交换气体和妖之间比特的作用. 尽管气体的熵减少了（1 比特），但气体和妖总的比特并没有减少，而是保持不变. 这就是为什么麦克斯韦妖没有违反热力学第二定律的原因.

注意，信息从气体转移到妖的时候，前面讲过的兰道尔原理也会得到体现. 妖的目标是擦除气体的比特并存储到自己身上. 因为物理定律会保护信息，所以它只能在存储气体信息的同时擦除气体的信息. 但总的信息量保持不变.

在《科学美国人》的一篇关于麦克斯韦妖的文章里，来自 IBM 的本内特就讲解过兰道尔原理如何使“妖”在提取一个粒子的信息时不违反热力学第二定律[①]. 我在《物理评论》里发表过一篇文章，指出本内特的观点不但适用于比特系统，还适用于所有物理系统——热能、飓风等等[②].

物理动力学可以获得信息，信息还可以被用来减少一个系统某个部分的熵，但系统总的熵不会减少.（对妖感兴趣的读者可以阅读列夫（Harvey Leff）和雷克斯（Andrew Rex）关于麦克斯韦妖的两篇文章.）

麦克斯韦妖问题的答案既然这么简单，即直接由物理定律保存信息决定，那为什么一个半世纪以来这个问题引起了那么多的迷惑？问题的核心在于熵和信息的区分. 记住熵是不可见的，或者

---

① Bennett C H. Demons, Engines, and the Second Law. Scientific American, 1987, 257(5): 108-116.

② Lloyd S. Use of Mutual Information to Decrease Entropy: Implications for the Second Low of Thermodynamics. Physical Review A, 1989, 39(10): 5378-5386.

未知的信息——这些信息不可利用. 但是"可见"和"不可见"取决于观察者. 实际上,在考虑一些情况时减少熵确有可能.

比较一下麦克斯韦妖和外面观察者的视角,来区分一下可见和不可见信息. 如同这个妖,外面的观察者知道妖的比特一开始为0,但是不知道气体的比特取什么值. 但与妖不同的是,外面的观察者不能得到受控非操作的结果. 他只知道受控非操作发生了. 因此,外面的观察者和里面的妖都同意妖的比特和气体的比特发生了相互作用,但是他们对于"可见"还是"不可见"的意见不同. 因为这个受控非操作对妖是可见的,但对观察者是不可见的.

第一个受控非操作前,妖和观察者都知道妖携带0比特(即0),气体携带1比特(0或1). 第一个受控非操作后,妖的比特和气体的比特相关联了(00或11). 因此,妖"知道了"气体的比特. 单从妖的视角来看,气体携带0比特,因为妖确切知道自己的比特,也就确切知道气体的比特. 所以经过一次受控非操作后,气体的比特对妖来说从不可见变成了可见. 于是,从妖的视角看到熵减少了1比特,可见的信息增加了1比特.

接下来看看外面的观察者. 经过第一个受控非操作后,观察者知道妖的比特和气体的比特相关联了(00或11),但是观察者不知道到底是哪个(只有妖知道). 于是,观察者认为妖和气体共享了1比特的熵. 因为妖和气体的比特此时对观察者来说都是不可见的,所以观察者认为系统的熵不变,仍然是1比特.

经过第二次受控非操作之后,气体的比特被全部转移给了妖. 于是,妖和观察者知道气体的比特是0. 从妖的视角来看,它自己的比特是可见的,熵还是0. 但从观察者的视角来看,妖的比特是不可见的,熵还是1比特. 妖和观察者都认为系统总的信息量是1比特. 热力学第二定律需要考虑总的信息量,即包含可见和不可见信息.

麦克斯韦妖完善了熵增和熵减的讨论. 最后,如19世纪末统计力学家所示,世界是由比特构成的. 热力学第二定律关乎信息的处理:物理系统保护比特数量不减少. 想更全面地理解物理定律,就要用到量子力学,因为量子力学描述的是物理系统最底层的规律. 在介绍量子力学之前,让我们再简单总结一下经典系统的信息处理能力,比如气体中的原子或者斯诺克桌上的台球.

4.10 原子计算

气体里一个原子的位置和速度携带信息. 实际上,原子的位置和速度是信息公式可以直接应用的最基本的物理量. 原子携带比特.

信息处理呢? 当气体内两个原子相撞时,它们携带的信息就会发生转移,即被处理. 原子碰撞这种信息处理过程,与我们第1章提到的逻辑门的那种处理过程,有什么区别呢?

实际上,如卡内基梅隆大学的弗雷德金和波士顿大学的托弗利(Tommaso Toffoli)所指出的那样,原子碰撞可以自然实现"与""或""非"和"复制"等逻辑操作. 用信息处理的语言来说,原子碰撞是广义计算.

在弗雷德金和托弗利的模型中,只要选择合适的输入和输出,每一次可能的原子碰撞都会实现"与""或""非"或者"复制"操作. 标定好气体中原子的初始位置和速度,就可以连接出各种想要的逻辑电路. 原子在气体中的碰撞,原则上可以做广义的数字化计算.

但在现实情况下,让一团气体里的原子做计算的确很难. 即便我们能控制单个原子的位置和速度,量子力学也限制了精确的位置和速度不可能同时达到的精度. 更重要的是,气体里原子的碰撞是混沌的,初始一点点的偏差都会随着时间的流逝而不断地被放大,即蝴蝶效应,直到破坏了整个计算. 但在接下来的一章你会看到,通过选择合适的量子力学系统做计算,以上两个困难都可以解决.

尽管现实情况的限制使气体内原子的碰撞不能做计算,但原子的碰撞原则上允许做计算意味着这些原子的长期行为本质上是不可预测的. 停机问题(见第2章)不仅见于通常的数字计算机,而且阻碍了所有能做数字逻辑的系统. 既然碰撞的原子原则上能体现数字逻辑,那么它们的长期行为将是不可计算的.

碰撞的球体的计算能力可能会产生另一个烦人的妖,这是由拉普拉斯(Pierre-Simon de Laplace)提出的. 在一篇用牛顿力学预测天体碰撞行为的短文中,拉普拉斯写道:

"我们可以认为宇宙此时此刻的状态完全是由它上一刻的

状态决定的，而且也决定了它下一刻的状态. 如果一个超级智能在任一给定时间能知道大自然中所有的力的大小，以及大自然中所有组成部分的位置，同时这个超级智能处理数据的能力足够快的话，那么可以用一个公式把大到天体宇宙小到原子的运动都囊括进去. 对这个超级智能来说，将没有什么是不可预测的，一切尽在他的掌握.”

这种能够预测一切的超级智能，称为拉普拉斯妖. 不过即使基本物理定律完全是决定论的，要对一个简单系统（如球体的碰撞）执行拉普拉斯设想的那种模拟，也要求拉普拉斯妖的计算能力至少和全宇宙的计算能力一样大. 由于计算能力需要物理资源，拉普拉斯妖计算所消耗的资源可能比全宇宙的空间、时间及能量还要多.

拉普拉斯妖的另一个问题是，量子力学定律不是决定论的. 在量子力学中，未来只能通过概率来预测. 实际上，天体运动的混沌就一直在把信息从微观输送到宏观. 接下来的一章我们会讲到，这种天体混沌会导致即使天体运动完全是决定论的，也没人可以预测，拉普拉斯妖也不行.

第5章 量子力学

5.1 在那个花园

我站在剑桥大学伊曼努尔学院研究生宿舍前的花园里，喝着一杯香槟. 这是 1983 年的春天，我的研究生同学和我正在谈论着剑桥的生活：赛艇、舞会，还有即将到来的能够决定我们命运的数学考试. 一个愤怒的老年妇人突然打断了我们的谈话，“你们这些傻瓜!”她叫喊着，带着西班牙口音，“你们难道没看到这个世界上最伟大的作家正坐在这里，却没人和他聊天吗?”我顺着她手指的方向看过去，看到一位穿着白色衣服的双目失明的老人坐在长椅上. 他就是著名作家博尔赫斯(Jorge Luis Borges)，而这位女人正是他的妻子玛丽亚・儿玉(Maria Kodama). 她将我们的注意力引向了她的丈夫.

其实，我一直有个问题想问博尔赫斯，至少现在我有了这个机会. 在他的短篇小说《小径分岔的花园》(*The Garden of Forking Paths*)中，博尔赫斯想象了一个世界，在那里所有的可能性都会发生. 在每一个要做决定的点上，即每一个分岔路口，世界不是选择其一而是同时选择了两者. 于是，博尔赫斯写道：

在崔鹏(Ts'ui Pên，即小说的华人主人公崔誉博士的祖先)的努力下，每一个可能都会发生；每一个可能都是从其他岔路口分出来的. 有时，这个“迷宫”的小路会汇聚到一点. 例如你到了一个小屋，在一个历史中，你是我的朋友；在另一个历史中，你却是我的敌人. 崔鹏并不相信一个统一的绝对时间. 他相信有无限个时间线，相信这些时间线会通过分岔、汇聚或平行编织成一个不断增长的、混乱的网. 在这个“时间网”中，时间之间可以相互接近、分岔、脱离，或者几个世纪都不知道对方的存在，即遍历了所有的可能性. 我们则并不是存在于所有的时间线之中；有一些有你没我，有一些有我没你，还有一些我们都存在.

"博尔赫斯博士,"我问道,"在您写这部小说的时候,您是否知道小说的思路和量子力学的'多世界诠释'如出一辙?"在该诠释中,每当我们测量这个世界是沿着一条路发展还是沿着另一条路发展时,这个世界就会分裂成两个,同时占据这两条路. 在传统的量子力学诠释即"哥本哈根诠释"中,如果我想测量一个原子核是自旋向上还是自旋向下的,它就会以同等的概率二选一. 但是在多世界诠释中,测量的那一刻,世界出现了分岔,它不再是二选一,而是同时沿着这两条路前进.

博尔赫斯请我用通俗一些的话语再重复一遍我的问题. 当他理解到我是想问他是否量子力学的知识影响了他的写作时,他回答:"没有."他接着又说道,尽管他没有受到过量子力学的影响,但是他并不奇怪物理学的定律会与他的文学创作思路相吻合. 毕竟物理学家们也是(宇宙的)读者嘛.

实际上,《小径分岔的花园》出版于 1944 年,正是惠勒的学生艾弗雷特(Hugh Everett)提出量子力学多世界诠释的前一年. 所以如果有影响,这一次也是文学影响了物理,而不是反过来.

5.2 波粒二象性

量子力学其实和博尔赫斯的这部小说很像. 但是它的奇特之处是,正如我之前所说,量子力学精确地反映了我们宇宙基本的结构. 20 世纪早期,丹麦著名物理学家玻尔用量子力学成功解释了氢原子的结构,但如同其他量子力学奠基者(包括爱因斯坦)一样,玻尔发现量子力学是与直觉相悖的. 爱因斯坦不愿接受量子力学(因此他说"上帝不会掷骰子"). 玻尔却走向另一条路,即为量子力学发展了一套神秘的哲学. 无论你对量子力学持什么态度,如果你在思考它时感到茫然,这倒是个好现象. 当然,这种茫然不能让你理解量子力学,但它是个开始.

想在直觉(或者更确切地说,反直觉)的水平上理解量子力学,不妨从被玻尔叫作"波粒二象性"的原理入手. 波粒二象性指的是我们通常认为是波的东西,比如声和光,其实是由粒子或者说量子(quantum 原是一个拉丁词,意思是多少)组成的. 光的粒子称作光子(photon,粒子的名字一般以 on 结尾),声的粒子称作声子(phonon).

一个简单的实验就可以展示出光的量子本性. 光电探测器就是一个能探测光的设备,它输出的电流的大小正比于它吸收光的多少. 把光电探测器放到明亮的房间里，它就输出大电流. 当光强减弱时，它的输出电流就减小. 当把灯全部关掉时，它的输出电流就变为零. 最终，如果你能遮挡住几乎所有的光，比如从窗户和门漏进来的光，光电探测器就会展现出不同的行为. 大部分时间里它的输出电流都是零，但偶尔会出现一个极其微小的电流信号. 这就是光电探测器探测到了单个光子.

波由粒子组成，这种想法非常古老. 从毕达哥拉斯(Pythagoras)开始就知道声音是由波组成的，但是古希腊人认为光是由粒子组成的，因此曾争论这些粒子是由眼睛发出的还是由物体发出的. 牛顿提出的“微粒假说”认为光由粒子组成. 但牛顿的棱镜实验却更容易用光是波组成的解释，于是光的波动学说从 17 世纪一直统治到 19 世纪末，以麦克斯韦方程组解释了一切已知的电磁现象都来自于光波(即电磁波)而达到顶峰.

但是只把光当成波会遇到一个问题，这个问题和热有关. 19 世纪末，普朗克分析了火炉加热而发出的慢慢变红的光. 这种光被称为“黑体辐射”，黑体吸收并辐射各个频率的光(频率就是光波振荡的速度). 普朗克指出如果光是由波组成的，那么由热物体发出的光的能量和熵将是无穷大，这对热力学第一和第二定律来说都是个很严重的问题. 普朗克通过假设光是由粒子组成的，粒子的能量正比于光的频率而解决了这个问题. 普朗克把这些光的粒子称作光子. 每一个光子携带很少的能量，即一个量子. 普朗克发现如果每个光子携带的能量(以焦耳为单位)等于 6.63×10^{-34} 乘以光的频率，那么热辐射的能量就会保持守恒. 这个数就是将频率和能量联系起来的普朗克常数. 它在物理学里普遍存在，以至于被授予了一个专属的符号 h.

我们认为的波都由粒子组成，这就是波粒二象性的两个方面之一. 波粒二象性的另一个方面是我们认为的粒子其实也是波. 就像每个波都由粒子组成一样，每个粒子——电子、原子还是小石子都有对应的波. 这个波与粒子的位置相联系：粒子在这个波比较强的地方出现的概率大. 波峰之间的距离和粒子的速度有关：波峰之间距离越小(即波长越短)，粒子的速度越快. 而且波的频率正比于粒子的能量，实际上粒子的能量精确地等于频率乘以普朗克常数.

5.3 双缝实验

双缝实验(图5.1)展示出了粒子的波动性.波之间相互重合,发生干涉.就像我的女儿艾玛(Emma)坐在浴池的一端,划出水波.同时,她的妹妹佐伊(Zoe)坐在另一端,也划出水波.两列波就会在浴池的中间相遇,水花就会溅我一身.光波之间的干涉也是这样.如果你朝一个带有两条平行狭缝的屏幕打出一束光,光就会在屏幕后的墙上形成明暗相间的条纹,称作"干涉条纹".光波就像水波一样,同时穿越两条狭缝.于是,每列波就会在缝隙处分裂成两列,然后再组合,形成干涉条纹.两列波的波峰和波峰或波谷和波谷相遇的地方就会增加光强,于是在墙上形成亮条纹,此现象称为"正干涉"(或相长干涉).两列波其中一个的波峰和另一个的波谷相遇的地方会互相抵消掉光强,形成暗条纹,此现象称为"负干涉"(或相消干涉).如果你挡住其中一条狭缝,干涉条纹就会消失,因为没有波与透过另一条狭缝的波发生干涉.干涉需要波同时通过两条狭缝.

双缝实验也可以用粒子.用一束粒子如电子射向带双缝的屏,屏后面放一块记录电子的成像板,每一个电子都会在板上留下一个点.如果你关闭左边的狭缝,让电子只能从右边的狭缝穿过,你会得到一个图样.如果你关闭右边的狭缝,让电子只能从左边的狭缝穿过,你将得到另一个图样.

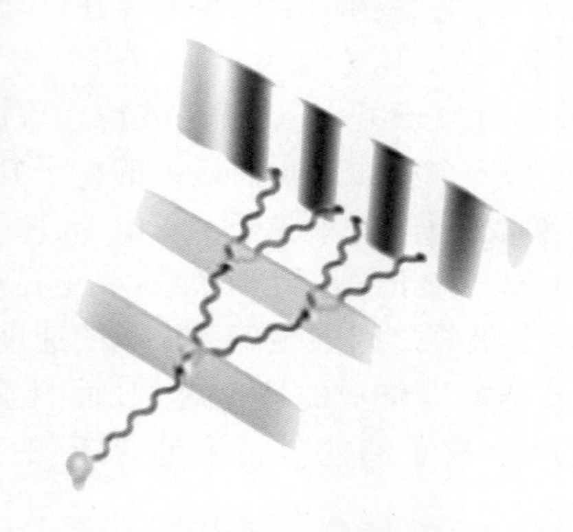

图5.1 双缝实验

在双缝实验中,粒子先通过一个单缝,然后再通过双缝,最后打在屏幕上.粒子在屏幕上形成的图样称作"干涉条纹",即粒子具有波动性的证据.

现在打开两条狭缝，你将会看到什么样的图案呢？经典物理学告诉你每个电子要么通过其中一条狭缝，要么通过另一条狭缝.因此，你估计会认为看到的是电子只通过左狭缝和只通过右狭缝的两个图样的组合.你不会想到干涉条纹，因为你认为每个电子只能通过一条狭缝.干涉条纹是波动现象，因为波可以同时通过两条狭缝形成干涉，但粒子是粒子，不会同时通过两条狭缝.然而当真正做这个实验时，你会看到什么？干涉条纹！成像板上电子成像的点形成了明暗相间的条纹.当你挡住一条狭缝时，条纹消失.显然，粒子具有波动性.

发生了什么？没准儿通过一条狭缝的电子撞击到了通过另一条狭缝的电子，然后形成了条纹.好吧，让我们减少电子的数量，使碰撞的可能性最小.干涉条纹仍然在！让我们一次只发射一个电子，干涉条纹依旧在，只不过条纹变成了电子打在成像板上位置的概率：电子更倾向于出现在亮条纹处.干涉条纹不可能是由电子间的碰撞引起的，因为只有一个电子；但是电子表现出了波动性.该实验意味粒子同时通过了两条狭缝.因此，一个电子、一个质子、一个光子、一个原子都可以同时出现在两个不同的位置.

双缝实验表明一个事实：粒子不是必须要么“在这里”，要么“在那里”.因为波动性，一个粒子可以同时“在这里”和“在那里”.正是波同时处于不同位置的性质给予了量子计算力量，我们将在后面的章节进行介绍.

5.4 退相干

如果事物可以同时出现在两个地点，为什么我们看到的石头、人、行星等不会同时出现在两个地点呢？奥地利物理学家蔡林格(Anton Zeilinger)曾经用巴基球(C_{60}分子，长得像足球一样)做了双缝实验.他下一步的计划是用比巴基球大100多倍的细菌做双缝实验[1].越大的物体越难同时出现在两个地方(越大的东西会展现出更多的经典特性和更少的量子特性)，原因不是物体的尺寸，而在于它是否可见.越大的东西越容易和周围环境相互作用，越容易被探测到.但是在双缝干涉里，一个粒子同时通过两条狭缝形成

① 译者注：2011年，同在维也纳大学的另一个组做出了含430个原子的有机分子的双缝干涉实验.

干涉条纹，那么它在通过双缝时就不能被探测到.

假设你在右边的狭缝前放置了一个探测器，探测器记录着是否收到粒子，但不阻止粒子通过. 当探测器探测到粒子时，它就被触发. 如果把这个探测器放到双缝实验里，你就会发现干涉条纹消失了！

怎么回事？首先回顾一下干涉条纹来自波粒二象性，波可以同时穿过两条狭缝. 当探测器工作时，通过右边狭缝的粒子会触发探测器，通过左边狭缝的粒子不会（是否触动探测器是随机的：粒子通过左边狭缝和右边狭缝的概率相等.）. 当探测器被触动时，粒子的波函数在右边狭缝被局域化；如果探测器不被触发，粒子的波函数在左边的狭缝被局域化. 这种局域化通常被称为"波函数坍缩". 也就是说，当探测器探测右边狭缝时，粒子要么从左边通过，要么从右边通过，而不再是同时通过两条狭缝. 既然不再是同时通过两条狭缝，那么它就不会再发生干涉，也就不会再产生明暗相间的条纹.

观察（或者通常称为测量）破坏了干涉. 没有测量，粒子就会同时通过两条狭缝；有了测量，粒子只能通过一条狭缝. 换句话说，测量干扰了粒子. 当你想知道粒子的位置时，粒子只能出现在一个位置而不会同时出现在不同的地点了.

有趣的是，在上面的实验里，无论探测器是否被触发，粒子都会被测量干扰. 只有粒子通过右边狭缝时，探测器才能被触发. 但是当探测器没有被触发时，粒子通过的是左边的狭缝，干涉依然被破坏——即测量仍然干扰了粒子的波函数. 粒子甚至不需要接近探测器.（读到这里是不是有点晕了？）探测器也不需要是宏观设备：无论多小，只要获取了粒子位置的信息，都会破坏干涉条纹. 如果粒子被路径上的电子或者空气分子撞到，仍然会破坏干涉条纹.

现在搞清楚为什么大的物体不会同时出现在两个地方了吧. 石头、人、行星等在不停地和周围环境相互作用. 每一次和电子、空气分子或者光子的相互作用都会使它局域化. 大的物体会和更多的小物体相互作用，这些小物体都会获得大物体的位置信息. 结果就是，大物体就会倾向于只出现在一个地方，而不是同时出现在不同地点.

环境通过获取量子系统的信息而破坏其波动性的过程，称为"退相干". 退相干是一个普遍的过程. 回忆一下前面章节我们介绍过的熵增：两个东西间的几乎任何相互作用都会使它们获得彼此的信息，这些相互作用使它们各自的熵增加. 同样的机制使量子系统的行为变得更趋向于经典方式.

5.5 量子比特

在前面的一章中，信息的每一次保存、读取、删除或增加的机制都是用携带比特的简单例子来表述的. 能否用类似的量子系统来理解量子力学是如何运作的？一个携带量子比特的很好的例子就是核自旋(图 5.2)，如“自旋回波效应”中的质子和中子. “自旋向上”代表 0，“自旋向下”代表 1. 核自旋的比特可以通过施特恩-盖拉赫(Stern-Gerlach)装置确定，即把自旋向上的原子核和自旋向下的原子核在空间上分开，使它们沿着相反方向运动，从而区分出 0 和 1(位置可以通过成像板记录). 自旋的可能取值对应于波：逆时针运动的波为自旋向上(或 0)，顺时针运动的波为自旋向下(或 1). 对应于 0 的波，用$|0\rangle$表示；对应于 1 的波，用$|1\rangle$表示. 符号“$|\rangle$”为狄拉克符号，它有具体的数学意义. 不过，在这里我们只用它来表示任何出现在括号中的东西都是一个量子力学的对象——一个波.

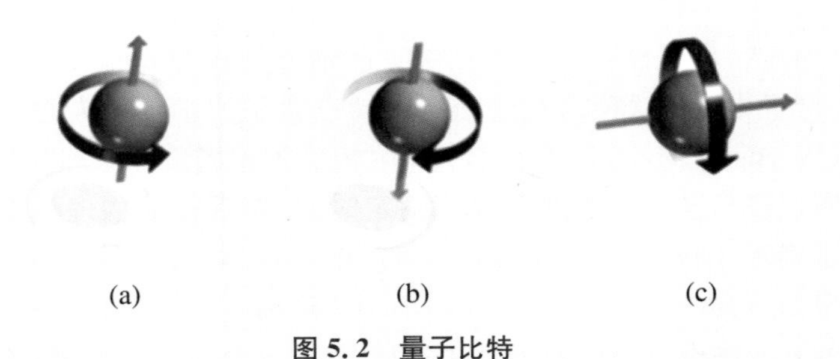

图 5.2　量子比特

核自旋是一个量子比特. 逆时针的自旋，或自旋向上，记为 0(图(a))；顺时针的自旋，或自旋向下，记为 1(图(b))；自旋横向即一个量子态同时记录 0 和 1(图(c)).

波可以被组合. 组合的结果称为“叠加态”(superposition). 自旋向上和自旋向下的波组合成的叠加态是什么呢？即状态$|0\rangle+|1\rangle$对应的波是什么？在自旋情况下，这个态比较直观：它就是自旋方向与定义自旋向上和自旋向下的轴相互垂直的态. 自旋向上加上自旋向下就是自旋横向！

波还可以做减法. “$-|1\rangle$”代表一个波的波谷和$|1\rangle$的波峰重合，而它的波峰又和$|1\rangle$的波谷重合. 即$-|1\rangle$的振荡和$|1\rangle$的振荡

相位完全相反. 此时看看叠加态$|0\rangle - |1\rangle$，这个态也比较直观. 它的自旋沿着与$|0\rangle + |1\rangle$自旋相同的轴，但是方向完全相反. 因此，自旋的方向决定于叠加态的波的符号(即相位). 我们可以通过把施特恩-盖拉赫装置设置在横向自旋方向上来区分这两个自旋横向的波.

态$|0\rangle + |1\rangle$在横向轴上有确定的自旋值. 如果沿着横向轴测量，你每次都会得到顺时针自旋的结果. 但是当沿着和它垂直的轴测量(即$|0\rangle$和$|1\rangle$的轴)时，你会得到随机结果：你会发现一半的概率是顺时针自旋(自旋向上，即$|0\rangle$)，另一半的概率是逆时针自旋(自旋向下，即$|1\rangle$). 当在横向上的取值完全固定时，它在垂直轴上的取值却完全不确定.

类似地，态$|0\rangle$在垂直轴上的取值也是确定的. 如果测量自旋，你会发现它总是顺时针(自旋向上)的. 但在横向上的取值却变得完全不确定：如果沿着横向轴测量自旋，你会发现一半的概率是顺时针自旋，一半的概率是逆时针自旋. 于是，沿着垂直轴的自旋取值变得完全确定，但是横向的取值变得完全不确定.

5.6 海森伯不确定性原理(测不准原理)

显然，不可能让两个互相垂直的轴上的自旋同时具有确定的值. 量子力学的这种内在的新奇特性以量子力学创始人之一海森伯(Werner Heisenberg)命名，称为"海森伯不确定性原理". **不确定性原理表示当一个物理量取值确定时，与它互补的物理量取值就会不确定.** 轴向的自旋和横向的自旋就是这样一对互补的物理量：如果知道其中一个的取值，你就不会知道另一个的取值. 另一对著名的互补物理量是位置和速度：如果知道一个粒子的位置，你就无法知道它的速度. (交警逼停了海森伯的车："海森伯先生，你知道你现在开多快吗?"海森伯："不知道，但是我知道我在哪儿.")

海森伯不确定性原理使得精确测量物理量变得此消彼长，比如"位置"和它的互补物理量"速度". 一个量测量得越精确，另一个量就变得越不精确. 结果就是任何过程(如测量或观察)都会使一对互补物理量里其中之一变得精确的同时，另一个变得不精确. **测量在这里又一次影响了被测量的系统.**

海森伯不确定性原理的这个烦人的特性已经深深地植入了流行文化中. 例如，不确定性原理被不正确地用来解释为什么人类学家会在本质上改变他们想调查的社会.(坊间流传:“当一个人类学家走进门,真相就从窗户飞了出去.”)事实上,海森伯不确定性原理只在原子那么小的尺度上才能发挥显著作用.人类学家的研究尺度对不确定性原理来说太过庞大了.

5.7 反转量子比特

反转量子比特并不难.回忆一下把核自旋置于磁场中的自旋回波效应,自旋对磁场有响应.令初始自旋向上(即$|0\rangle$)并加上磁场,磁场方向朝向你.在半个周期(一个周期就是自旋方向转一圈回到初始方向的时间)之后,自旋的方向就会变成向下,即$|1\rangle$.(同样,如果初始自旋向下,即$|1\rangle$,在经过同样时间之后,自旋的方向就会变为自旋向上,即$|0\rangle$.)于是,用外磁场你就可以控制量子比特.

通过改变所加磁场的时间,你可以把自旋置于各种各样的叠加态.例如,令初始自旋向上,然后加磁场,1/4 周期之后自旋就会变成自旋横向的态,即$|0\rangle + |1\rangle$.或者 3/4 周期之后,自旋就会变成另一个自旋横向的态,即$|0\rangle - |1\rangle$.通过不同的磁场时间,你可以把自旋转动到任何你想要的叠加态.

这种单量子比特的旋转可以和经典比特变换做类比,如比特反转,即 NOT 门.因为存在叠加态,于是量子比特能够做的操作远远多于经典比特.经典比特变换和量子比特变换有一个共同点就是它们都是一对一的.可直接做逆操作,即让量子比特沿着同一个轴但是相反的方向旋转.就像经典比特操作一样,量子比特的反转也会保持信息.

现在看一下量子比特之间的相互作用.把双量子比特的操作当成是之前提到过的受控非操作的量子类比.回忆一下,受控非操作当且仅当第一个比特是 1 时,才会反转第二个比特,即受控非操作把 00 变成 00,01 变成 01,10 变成 11,11 变成 10.受控非操作是一对一的,操作两次就可以回到初始状态.量子的受控非操作把$|00\rangle$变成$|00\rangle$,$|01\rangle$变成$|01\rangle$,$|10\rangle$变成$|11\rangle$,$|11\rangle$变成$|10\rangle$.这里,态$|00\rangle$代表两个量子比特组合在一起,第一个量子比特为$|0\rangle$,第二个量子比特也为$|0\rangle$.

接下来的一节会介绍量子计算的基础.后面我们会看到旋转单个量子比特加上受控非操作,可以形成通用的量子逻辑操作.回想一下与、或、非、复制这些操作能够组成经典的逻辑操作，任何逻辑操作都可以由这些基本的操作组合而成. 同样，任何量子逻辑操作都可以由单个量子比特旋转加上受控非操作组合而成. 这个通用特性足以用来实现任何复杂的量子计算. 但首先让我们介绍如何用这种“单量子比特旋转加上受控非操作”的通用特性来理解测量和退相干的作用.

5.8 量子比特和退相干

态$|0\rangle + |1\rangle$就是一个双缝实验的量子比特的类比. 粒子通过狭缝的状态就对应于量子比特. 如果$|左\rangle$对应于粒子通过左边狭缝的状态，$|右\rangle$对应于粒子通过右边狭缝的状态，那么$|左\rangle + |右\rangle$就对应于粒子同时通过两条狭缝的状态.

核自旋这样的量子比特可以通过先把它制备成自旋向上的态($|0\rangle$)，然后加一个 1/4 周期的磁场，把它旋转到$|0\rangle + |1\rangle$态上(对应于粒子同时穿过两条狭缝). 你也可以通过加一个 1/4 周期的磁场的反向操作，并测量(比如用施特恩-盖拉赫装置)验证自旋回到初始的状态.

现在引入第二个量子比特，初始化为$|0\rangle$态. 就像第一个量子比特可以类比为粒子的位置一样，第二个量子比特可以类比为探测器. 以第一个量子比特为控制比特，对第二个量子比特实施受控非操作. 只有当第一个比特为$|1\rangle$(对应粒子通过第二条狭缝)时，受控非操作才会反转第二个量子比特. 但是第一个量子比特处于$|0\rangle + |1\rangle$这个叠加态上，此时量子受控非操作就像对叠加态的每个分量执行经典受控非操作一样. 第一个量子比特的一个分量为$|0\rangle$，对应于粒子从左边狭缝穿过时，第二个量子比特仍为$|0\rangle$. 第一个量子比特的另一个分量为$|1\rangle$，对应于粒子从右边狭缝穿过时，第二个量子比特从$|0\rangle$反转到$|1\rangle$. 叠加在一起，经过受控非操作后，量子比特的态成为了$|00\rangle + |11\rangle$. 这个叠加态一部分是两个量子比特都为$|0\rangle$，另一个部分是两个量子比特都为$|1\rangle$. 于是，受控非操作为两个量子比特建立了关联.

在这个受控非操作中，第一个量子比特携带的信息传递给了第二个量子比特. 也就是，受控非操作在两个量子比特之间创建了互信息，把第二个量子比特变成了和第一个量子比特一模一样的信息. 受控非操作同样也干扰了第一个量子比特. 假设你想通过加

1/4 周期的磁场让第一个量子回归到自旋向上的态，从而试着确定第一个量子比特仍然在 $|0\rangle + |1\rangle$ 态上. 当测量时，你会发现只有一半的概率自旋向上，还有一半的概率自旋向下. 第一个量子比特不再是 $|0\rangle + |1\rangle$，因为受控非操作彻底影响了第一个量子比特，把它变得随机化了.

和经典情况相同的是，量子受控非操作允许一个比特获取另一个比特的信息. 但和经典情况不同的是，量子受控非操作会干扰从中获取信息的那个量子比特. 这种干扰发生在任何量子系统获取信息的过程中. 尤其是，量子测量过程干扰了被测量的系统.

在我们这个例子里，干扰可以简单地通过重复受控非操作来抵消. 如同经典受控非操作，量子受控非操作是它自己的逆操作. 如果连续操作两次，就会把量子比特还原到初始状态. 比如，对态 $|00\rangle + |11\rangle$ 再做量子受控非操作，$|00\rangle$ 部分保持不变，$|11\rangle$ 变成 $|10\rangle$. 第二个量子比特回到了 $|0\rangle$ 的态，而第一个量子比特回到了叠加态 $|0\rangle + |1\rangle$. 用 1/4 周期的磁场把第一个量子比特转回初始状态，测量结果确实是自旋向上.

历史上，量子测量过程曾被认为是不可逆的. 不像这里介绍的简单的受控非操作，通常的量子力学诠释，如玻尔的哥本哈根诠释，会假设一旦宏观的测量装置和微观系统(比如粒子)建立关联，这个关联就不能被消除. 在测量过程的不可逆性中，读者们可能会想到热力学第二定律. 在玻尔兹曼的 H 定理中，熵增表现出的不可逆性只有在原子不会通过消除彼此的关联导致熵减少时才会发生. 类似地，在量子力学的测量过程中，不可逆性可以仅仅是外在表现.

特别地，量子动力学系统会保持信息守恒，就像经典动力学系统一样. 因为信息守恒，量子系统原则上就可逆. 因此，有一个洛施密特佯谬(见第 4 章)的量子测量类比. 简单地反转测量过程可以把量子系统还原到初始的、未被干扰的状态. 如同第 4 章讲过的经典受控非操作，第二个量子受控非操作实现了洛施密特佯谬. 一些和自旋回波实验相似的实验有效地可以一次对上百万个量子比特实现逆操作.

面对测量过程不可逆性的(正确)反对意见，玻尔本可以像玻尔兹曼一样回答：“去吧，反转它.”不过，玻尔是个很绅士的人. 他的回应是在语义上模糊了传统的哥本哈根诠释，从而让测量可逆性的问题变得更加模糊不清，并持续到今天.

实际上，量子测量的可逆性和热力学第二定律一样安全，无论正误. 回顾一下第二定律中，你知道一个系统的熵增加等效于你赌新出现的关联不可逆，让熵表现出增加. 但如果实际上这些关联可逆，可以消除增加的熵. 于是你赌输了：熵并没有增加.

同样地，在量子测量过程中，你一开始认为信息从被测系统扩散到测量装置的过程是不可逆的. 如果过些时间，测量本身可以撤销自己的影响，使系统回归到初始状态，你也会撤销自己认为信息扩散是不可逆过程的想法. 既然绝大多数时间，熵保持增加，信息也保持扩散，你鲜有机会撤销自己的想法. 但是因为物理学定律的可逆性，偶尔表现出的熵增也会自我撤销，信息"没扩散". 结合物理学定律的可逆性，以及像自旋回波效应这种熵可以不增加的过程，你会发现热力学第二定律和量子测量都是基于概率的定律：熵倾向于增加，信息也倾向于扩散. 但有的时候，它们不是.

5.9 纠缠

经典版本和量子版本的受控非操作还有一个不同，就是在量子系统中，信息可以从无到有被创造. 回顾类似的经典过程：粒子的比特数一开始要么是 0，要么是 1，具有 1 比特的熵. 这里，量子比特就不同，它的熵是 0. 因为它是一个单一的态$|0\rangle+|1\rangle$，同时处于$|0\rangle$和$|1\rangle$，如同双缝实验中粒子的状态，量子比特同时携带$|0\rangle$和$|1\rangle$.

当两个经典比特通过受控非操作相互影响时，第一个比特的熵会传播给第二个比特. 两个比特建立关联，第二个比特的熵增加. 当两个量子比特通过量子受控非操作建立关联时，第二个量子比特的熵也增加了，但是这个熵并不是来自于第一个量子比特. 量子情况下，在实施受控非操作之前，第一个量子比特是确定的态，熵为 0. 那么，信息(熵)从何而来的呢？

原因是在量子力学中，和经典力学完全不同，信息可以从无到有被创造出来. 令两个量子比特处在它们关联的态上：$|00\rangle+|11\rangle$，即它们的波函数相关联. 这个态依然是一个确定的态，它的熵为 0. 但是对每个量子比特来说却成了不确定的态：每个量子比特可以是$|0\rangle$或是$|1\rangle$. 每个量子比特都有了 1 比特的熵.

这种奇怪的量子关联称为"纠缠". 如果经典系统在一个确定的态上，熵为 0，那么这个系统所有部分都只在确定的态上，熵都为 0. 我们知道了总的态，就会知道它各个部分的态. 比如两个比特的态为 01，我们确切地知道第一个比特是 0 态，而第二个比特是 1 态. 但是对于一个量子系统，当它处于确定的态时，比如前面两个量子比特关联的态，它的各个部分**不需要在确定的态上**. 在纠缠态中，我们能知道量子系统整体的确切状态，但是无法知道各个部分的确切状态.

当量子系统的部分产生纠缠，它们的熵就会增加. 几乎任何相互作用都会使量子系统的部分发生纠缠. 宇宙是一个量子系统，几乎每个组成部分都在纠缠. 后面，我们将介绍如何能让量子计算机做到经典计算机无法做到的事. 在这里，我们知道了纠缠是使宇宙信息增加的原因.

5.10 幽灵般的超距作用

纠缠正是爱因斯坦所称的“幽灵般的超距作用”. 对于两个量子比特的态$|01\rangle-|10\rangle$，在这个态中当你发现第一个量子比特是0时，第二个量子比特就是1. 同样，当你发现第一个量子比特是1时，第二个量子比特就是0. 也就是说，两个量子比特相反. 例如，对于核自旋的两个态，当你测量第一个自旋发现它向上时，第二个自旋必然向下.

到这里，问题还不大. 两个自旋方向相反，且和选择测量的轴无关. 但问题出现在测量之前两个量子比特都在不确定的态上. 测量第一个量子比特会让它落（坍缩）在一个特定的态上，$|0\rangle$或者$|1\rangle$. 这并不奇怪，因为测量是用来确定被测系统的态的. 奇怪的是，无论在什么方向测量第一个自旋，均会让第二个自旋变得确定. 也就是说，如果你沿着垂直轴测量第一个自旋，测量之后第二个自旋也会在垂直轴上确定；如果你沿着横轴测量第一个自旋，第二个自旋同样会在横轴上变得确定. 而且即使第一个粒子和第二个粒子相距很远也仍然是这样. 纠缠之后，一个粒子在地球上，另一个粒子被送到半人马座阿尔法星，也还是这个结果.

在地球上的测量如何会影响到4光年以外的半人马座阿尔法星上的测量呢？没有信号可以在4年之内到达那里（信号的传输速度不会超过光速）. 这就是为什么爱因斯坦称之为“幽灵般的超距作用”. 爱因斯坦和波多尔斯基（Boris Podolsky）及罗森（Nathan Rosen）合作编写了一篇著名的论文，并提出了EPR佯谬（悖论）[①].

---

① 译者注：EPR是这三位物理学家姓氏的首字母缩写. EPR佯谬是为论证量子力学的不完备性而提出的.

该论文指出了纠缠的反直觉特性，即纠缠使得世界的"实在性"被动摇.

实际上，纠缠并不是超距的作用，也不是幽灵般的或者其他什么样的. 如果能观察到测量第一个粒子的自旋会真正影响第二个粒子的自旋，那么就可以通过测量第一个粒子来使第一个粒子向第二个粒子发送信息. 但实际上测量第一个粒子的自旋不会对第二个粒子的自旋产生可观测的效应，尽管测量第一个粒子的自旋之后第二个粒子的自旋会变得确定：第一个粒子处于$|0\rangle$态时，第二个粒子处于$|1\rangle$，反之亦然. 但是当你不知道第一个粒子的结果时，第二个粒子的自旋状态仍然是不确定的. 测量第一个粒子的自旋并不会改变已有的第二个粒子的自旋测量的结果：测量第一个粒子的自旋对第二个粒子的自旋没有可观测效应. 尽管测量第一个粒子的自旋会增加我们对第二个粒子自旋的认识，但是并没有改变第二个粒子的自旋状态[①]. 结果就是，不可能通过测量第一个粒子使信息从第一个粒子传给第二个粒子. 纠缠并没有引入超距作用.

即便纠缠不引入超距作用，但它仍然如幽灵般令人难以捉摸. 每一个自旋都携带一个量子比特，不多不少. 但无论你怎么选择测量轴，两个自旋总是朝着相反方向，这个事实看起来涉及比一个比特多得多的信息. 作为经典情况的类比，就好像是兄弟俩，在面临二选一的抉择时，总是选择不同的结果. 好比哥哥来到马萨诸塞州剑桥市（即哈佛大学和麻省理工学院所在地）的"科学奇迹"酒吧，同时弟弟走进了英格兰剑桥大学的"自由出版"酒吧. 在"科学奇迹"酒吧，吧台招待问哥哥"啤酒还是威士忌?"，哥哥回答"啤酒". 同时，在"自由出版"酒吧，吧台招待问弟弟同样的问题，弟弟回答"威士忌"，正好和哥哥相反. 如果吧台招待问"瓶装还是杯装?"，一个回答"瓶装"，而另一个回答"杯装". 或者吧台招待问"红酒还是白酒?"，一个回答"红酒"，另一个回答"白酒". 对吧台招待给出的任意比特的信息来说，兄弟俩都会做出相反的选择.

这种相反选择没有任何不可能，只要在经典世界中兄弟俩每当面临二选一的问题时，都必须共享一个比特的信息. 在量子世界中（两个纠缠的自旋走进酒吧……），这两个相互纠缠的自旋共享且仅共享一个量子比特，但足够它们对无限个问题（即对应无限种测量方式）都给出无限个相反的答案. 果然很幽灵！

---

① 译者注：作者应该是指第二个粒子经过测量后的状态.

5.11 量子测量问题

量子测量是这样一个过程:一个量子系统获得另一个量子系统的信息.在前面提到的双缝实验例子中,令|左〉和|右〉分别代表粒子通过左边狭缝和右边狭缝的态(即波).令|触发〉和|无触发〉分别代表探测器被触发和不被触发的态.令|预备〉代表测量前探测器的态,即探测器放在右狭缝处等待被触发的态.在测量发生之前,粒子处于|左〉+|右〉这个叠加态上,探测器处于|预备〉态上.测量过程中,叠加态的|左〉部分通过左边狭缝,此时探测器无法被触发,而叠加态的|右〉部分通过右边狭缝,此时探测器被触发.于是测量发生后,粒子和探测器组成的态为叠加态|左,无触发〉+|右,触发〉.也就是说,粒子和探测器组成了纠缠态,即粒子通过左边狭缝和探测器无触发实现了关联,同时粒子通过右边狭缝和探测器被触发实现了关联.

假设我在实验室里并且我自己是个量子系统,我能听到或听不到触发声.令|赛斯听到触发〉作为我听到触发的波,|赛斯没听到触发〉作为我没听到触发的波.(注意这些波是十分复杂的波,对应我身体里所有的原子.)

当声音传到我耳朵里时,粒子、探测器和我组成的系统的态是|左,无触发,赛斯没听到触发〉+|右,触发,赛斯听到触发〉.我和粒子以及探测器纠缠在了一起.在这个纠缠态里,我和粒子通过右边狭缝,与探测器被触发的态相联系的是|赛斯听到触发〉.我和粒子通过左边狭缝,与探测器没被触发的态相联系的是|赛斯没听到触发〉.就像一颗量子树倒在了量子森林里,被一个量子人听到了.

这个量子测量过程的“联系态”图像说明了测量的现象.粒子通过哪条狭缝的信息首先影响了探测器,然后影响了我.如果我写封信告诉你我是否听到了触发声,你就可以通过信里的内容得知发生了什么:|赛斯告诉我他听到了触发〉,|赛斯告诉我他没听到触发〉.这样你也和粒子、探测器以及我纠缠在了一起.测量结束后,测量结果的信息会一直传播下去,传播给每一个相联系的事物.

事实上,尽管量子测量的联系态图像阐述了测量现象,但有些东西仍然令人不安.例如,我听到触发时,叠加态的另一部分发生了什么?那个没听到触发的人还是我吗?我难道同时听到和没听

到触发？这个令人烦躁的图像在1935年被奥地利物理学家薛定谔(Erwin Schrödinger，量子力学的另一位主要建立者)加以放大. 他想象当探测器被触发时，会杀掉一只猫. 在薛定谔的猫悖论中(图5.3)，粒子、探测器和猫组成的态为|左，没触发，猫活〉＋|右，触发，猫死〉. 在量子世界里，猫同时活着和死去.

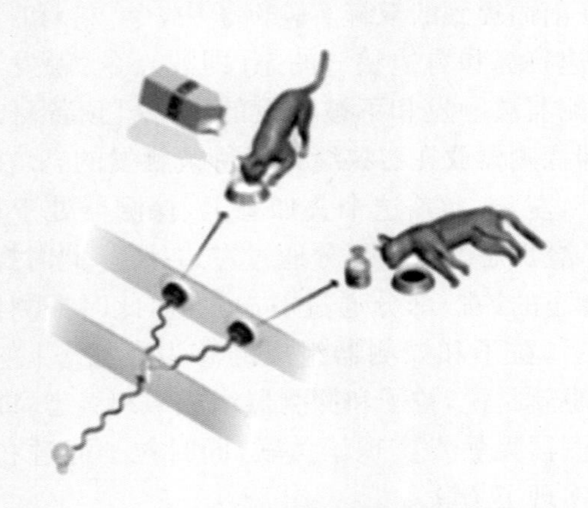

图5.3　薛定谔的猫

在双缝实验中，用两个按钮代替两条狭缝. 如果第一个按钮被按下，就给猫喝奶；如果第二个按钮被按下，就给猫喝毒药. 但是量子力学同时按下两个按钮：薛定谔的猫同时处于生和死的状态.

薛定谔的猫悖论引发了很多疑问. 霍金(Stephen Hawking)就被这个悖论折磨得很疲惫，所以经常(修改纳粹宣传部长戈培尔的名言)说："每当我听到薛定谔的猫时，我就想掏枪."玻尔对解决薛定谔的猫悖论做了最早的尝试，即当你听到触发声，猫随之死了的时候，叠加态的另一部分——即你没听到触发声猫还活着——就突然消失了. 这种另一部分的突然消失就是我们之前解释过的波函数坍缩，即波坍缩到它的组成部分之一. 在量子测量的"波函数坍缩图像"下，我写信告诉你我听到触发声并且猫死了的时候，我没听到触发声并且猫还活着的另一部分就消失了.

这个解释会遇到一个问题，就是物理定律的可逆性. 原则上，测量之后我们就不再可能回到初态. 如果波函数坍缩了，就不会再具有可逆性. 然而在很多情况下，如自旋回波效应，你可以通过量子系统的动态演化让其再回到初始状态. 理论和实验上，波函数坍缩都不是解决测量问题的好方法.

幸运的是，有一个简单而优雅的候选解释可以替代波函数坍缩. **测量问题只有在波函数中与那些实际未发生的相对应的部分存在时才会出现.** 如果能忽略它们，将会非常好. 也就是说，当探测器被触发而且我写信告诉你猫死了的时候，我不用再关心波函数的另一部分，即猫活着的部分. 过去的就让它过去吧. 什么时候我们可以不用关心另一部分？格里菲斯(Robert Griffiths)和欧内斯(Roland Omnes)，以及后来的盖尔曼和哈特(James Hartle)给出了答案：**当波函数的另一部分在某一时刻不再对我们产生任何作用时，我们就可以忽略它.**

测量问题的解决方法不仅依赖于现在而且还依赖于未来. 如果波函数的另一部分永远不再影响我们，那么我们就可以说波函数的未来历史变得“退相干”了. 量子力学的这个“退相干历史”解释完美地解决了由测量问题引起的麻烦.

在双缝实验中，有两个可能的历史：一个是粒子穿过左边狭缝打到墙上；另一个是粒子穿过右边狭缝打到墙上. 两个历史相干而不是退相干：它们互相干涉形成了墙上的条纹.

现在把探测器放到右边的狭缝处，仍然有两个可能的历史：一个是粒子通过左边狭缝打到墙上；另一个是粒子先通过右边的狭缝再通过探测器，最后打到墙上. 因为探测器的存在，干涉条纹消失. 两个历史这时变得不相干，它们之间不再发生干涉. 同样，在薛定谔的猫悖论中，当探测器被触发并且猫死了的时候，检查一下猫是否已死已经不会再影响未来：猫会一直死着. 两个历史发生了退相干. 这时，我们就能说猫是活的还是死的，而不再是又死又活.

有一个简单的方法来判定一组历史是相干的还是退相干的. 想象一下你测量时发生了什么. 测量会破坏相干，但如果没有相干供你破坏的时候，测量就不会破坏相干. 如果对量子系统的一系列测量改变了它未来的行为，那么测量的各种可能的结果连起来的历史之间就是相干的. 如果一系列测量没有影响到系统未来的行为，那么历史之间就是退相干的. 在双缝实验中，测量破坏了干涉条纹并改变了系统的行为：双缝实验的历史就是相干的.

5.12 多世界

量子力学的这个“退相干历史”图像给了测量问题一个直观上令人满意的回答. 在测量过程中，粒子和探测器发生纠缠，波函数是两个态的叠加态，其中一个态对应“真实发生的”. 当粒子和探测器(还有猫、我和你)未来的历史发生退相干后，另一个态后面不再有任何效果.

另一个态——即波函数的另一部分——某种意义上还在那里，尽管我们可以安全地忽略它. 这一特性导致了一些人提倡量子力学的“多世界诠释”. 在该诠释中，波函数的另一部分对应于另一个世界，在那里猫还快乐地活着. 在多世界诠释里，猫真的同时活着和死去.

关于量子力学的多世界诠释在物理学界也有好几种观点. 1997 年，我关于这个问题和牛津大学的物理学家多伊奇有过辩论. 他是多世界诠释的强力支持者. 我不知道在这个世界里我们谁赢得了辩论. 在本书余下的章节里，我将会采用盖尔曼和哈特的“多历史诠释”. 在这个诠释里，量子力学支持前面提到的退相干历史. 其中之一真实发生了，余下的历史就对应于波函数里和我们无关的部分. 这些历史对应于并未真实发生的可能事件.（或者如多伊奇所说，没有在我们所处的这个世界中发生.）

我个人的观点是，多世界图像对“真实”这个词是不公平的. 通常，人们用“真实”这个词来形容那些真正发生的事，比如我写了这些文字，你正在读这些文字. 我们的波函数还有另外的部分，比如我写了其他的文字，你正在看电视. 但是那部分波函数与**真实**发生的事情无关. 就像博尔赫斯的小说中写的：“尽管它们在那里，但它们对现实毫无影响.”

第6章 原子开工

6.1 与原子交谈

纽约充满了一群在大街上徘徊喜欢和空气交谈的人. 当问到他们在干什么时,他们说空气的回答声只有他们能够听到. 一天早上,还在纽约读研究生的我,在公寓附近的一家波兰咖啡馆吃早餐. 当我正吃着波兰熏肠和鸡蛋时,坐在我旁边的男人突然一把抓住我的胳膊,盯着我的眼睛,说道:"他们把爱因斯坦的大脑移植到我的脑袋里了."

"啥?"我回答道,"要是这样,我可就有一些问题需要问你了."于是,我就问了他关于量子力学和广义相对论的看法. 可惜,通过他的回答,看起来移植得不太成功.

爱因斯坦对量子力学一直存在迷惑. 就像他自己说的,他从来没有完全相信量子力学,他反对量子力学本质上的概率行为. 就像对其他人一样,量子力学严重违反了爱因斯坦的直觉,尽管爱因斯坦比其他人更有理由相信自己的天赋. 不过,这次爱因斯坦的直觉把他带向了错误的道路. 量子力学本质上是概率的,成千上万的实验证实了量子力学的准确性.

想知道量子力学如何把概率引入了这个宇宙,我们可以举一个简单的量子骰子的例子(就我这个"原子按摩师"的工作来说,我有很多掷量子骰子的经历.):拿一个原子,用激光照一下;然后用另一束激光再照一次,看看它是否会发射出光. 如果发射光,则记为0. 如果不发射光,则记为1. 一半的时间,原子会发射光(0);另一半时间,不发射(1). 因此,一个崭新的比特出现.

让我们再细看一下照射原子的过程,这是我们和原子交谈的办法. 和我与纽约街头的人谈话的方式不同,原子的回答是这样的:原子通过发射或者不发射光来回答我的问题. 为了理解原子回答的意义,我们需要学习一些原子的语言.

你对原子来说就像地球对蚂蚁那么大. 原子一般只有一百亿分之一米那么大——十分微小,靠静电作用形成球形. 一个原子含有一个更小的原子核(nucleus,拉丁语中是坚果的意思),只有原子的十万分之一大小,由质子(带正电)和中子(不带电)组成. 原子的绝大部分质量都集中在原子核里,而原子核被电子包围着,电子的质量只有质子和中子的两千分之一. 电子带负电,因此被带正电的原子核吸引;围绕原子核的电子数量和核内质子数量相等,因此原子整体是电中性的.

静电力把电子束缚在原子核周围. 原子平时正常的状态称为"基态",即电子尽可能地离原子核近(原子核通过一种强力将核子束缚在一起,强力比电磁力大 1000 倍). 什么叫"尽可能地离原子核近"? 为什么电子不会落在原子核上,直接和原子核相撞? 实际上,经典力学预言电子会落在原子核上. 如果经典力学是对的,那么原子的寿命会比一秒还要短很多倍,瞬间就毁灭了. 但描述原子的正确理论是量子力学,而不是经典力学. 量子力学保证了原子的稳定性,而原子的稳定性也是量子力学最具体的证实之一. 没有量子力学,原子就会转瞬即逝.

但量子力学如何确保原子的稳定性呢? 回想一下:电子本身也是波,有位置和速度. 电子的波比较大的地方就是电子存在的概率比较大的位置. 波长越短,电子速度越快. 波的振动频率正比于它的能量.

设想我们把电子的波放在原子核之外. 原子核外能存在的最简单的波是球形:波在各个方向分布相等. 第二简单的波就是围绕原子核时有一个峰值,再往上就是有两个峰值、更多峰值等等. 以上每一种波对应于电子的确定能量的状态(能级). 最简单的波是没有峰值的球形:在这个态即基态上,电子有最低的能量. 第二简单的波有更多的能量. 电子的波的峰值越多,波振动越快,能量也越高.

用弹力绳绑一块石头让它围着你脑袋转圈. 石头转得越快,能量越高,离你的头也就越远,因为弹力绳需要更大的力拉着石头来补偿石头增加的速度(离心力). 对电子来说也是这样:能量越高,离原子核越远. 电子能量最小时,也就是离原子核最近的时候,它是最简单的球形波. 随着能量增加,轨道离原子就越远. 波粒二象性意味着原子的电子会有一些分立的波,而且只能存在于这些波所对应的态上. 因此,电子不会落入原子核,而只有这些分立的态(无峰值、一个峰值、两个峰值等等).

当电子从能量高的态跃迁到能量低的态时，它会扔出一个东西，即光的量子——光子，它的能量等于这两个能量态之间的能量差. 不同的原子，比如磷原子含有 15 个电子，或者铁原子含有 26 个电子，会发射出不同能量的光子. 因为能量正比于发射出的光子的振动速率，因此这些光子组成的光有特定的频率. 这些频率称为原子的“光谱”.

原子发射光的光谱最早在 19 世纪上半叶被观测到. 因为当时不知道有量子或者光子，所以经典物理学家无法解释这些光谱. 对原子光谱作出解释是量子力学的一大胜利. 通过波长和电子的速度，还有频率和电子能量之间的简单关系，玻尔计算出了氢原子的光谱，表明了量子力学模型和实验观测非常吻合.

原子不仅可以发射光，还可以吸收光. 就像原子可以跃迁到更低的能量态并发射出一个光子一样，原子可以吸收一个光子从而跃迁到更高的能量态. 用含有大量光子的激光照射一个基态的原子，当光子的能量等于原子基态和第二低的能量态(称为第一激发态)之间的能量差时，原子会吸收一个光子并从基态跃迁到第一激发态上.

如果原子被光子照射，但是光子的能量不等于原子基态和激发态之间的能量差，那么原子就不会吸收光子[①]. 因此，原子只能吸收特定能量的光子. 可以用这个特性来操控原子的状态. 如果原子被错误能量的光子照射，它不吸收光子，只在原来的基态上. 当原子被能量等于基态和某个激发态之间的能量差的光子照射时，原子就会吸收这个光子并且跃迁到这个激发态上[②]. 原子只吸收光谱上特定频率的光，这对于你想操纵一种原子的同时而不影响另一种原子来说非常有用，后面我们就会看到.

通过发射或吸收光子从而使一个态跃迁到另一个态所需要的时间取决于激光的强度. 具体来说，可以通过激光脉冲来控制原子：如果原子在基态，就吸收光子，跃迁到激发态；如果在激发态，就发射光子，跃迁回基态. 一个原子的基态和第一激发态可以组成一个比特. 可以把基态设为 0，第一激发态设为 1. 但这个原子不是普通比特，而是量子比特. 这个原子的态对应它的波，像前一章讲过的核自旋的态一样. 用量子力学的语言来说，我们可以用狄拉克符号把基态表示为 $|0\rangle$，第一激发态表示为 $|1\rangle$. 通过一个激光脉冲

---

① 译者注：即没有产生频率共振.

② 译者注：即产生共振.

可以把原子从$|0\rangle$变为$|1\rangle$，从$|1\rangle$变为$|0\rangle$. 用原子的语言来说，原子从一个态变成了另一个态. 用二进制语言来说，这就是著名的逻辑操作“非”. 通过用原子的语言与之交谈，我们可以反转原子的量子比特（图 6.1）.

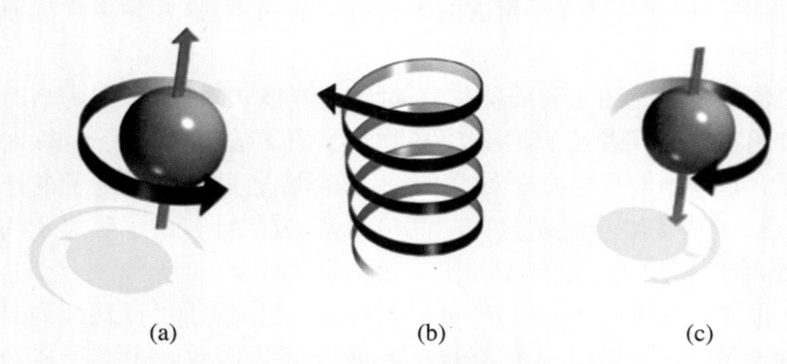

(a) (b) (c)

图 6.1 反转量子比特

用光就可以反转量子比特. 图(a)是一个量子比特，处于自旋向上即 0 的核自旋；图(b)是一个飞向它的光子，被原子核吸收，把核自旋从自旋向上变成了自旋向下，即 1（图(c)）.

怎样让原子和我们说话？就和我们用光操纵原子一样，原子也通过光与我们交谈. 假设有第三个态$|2\rangle$，它比量子比特的两个态$|0\rangle$和$|1\rangle$的能量都要高. 当原子在$|2\rangle$态上时，它就倾向于自发辐射一个光子并跳回基态$|0\rangle$. 自发辐射光子就是产生荧光现象的原因. 荧光的产生原理就是把原子从基态激发到激发态，然后让它跃迁回基态并发射光子. 自发辐射的光子的能量等于激发态$|2\rangle$和基态$|0\rangle$之间的能量差. 如果你观察得仔细一些比如通过显微镜，你偶尔会看到发射出的光子的闪光，原子正在和你说话呢.

能否观察到自发辐射光子，使我们可以判断原子是否在基态上. 用光子能量等于$|0\rangle$和$|2\rangle$之间能量差的光照射原子，如果原子在基态$|0\rangle$，因为与光子共振，它就会吸收一个光子，跃迁到$|2\rangle$. 随后很快它就会发射一个光子跃迁回$|0\rangle$，然后它再吸收一个光子跃迁到$|2\rangle$，最后再发射一个光子跃迁回$|0\rangle$. 这种原子不停吸收和发射光子的过程称为“循环跃迁”，因为原子在两个态上来回循环.

如果原子初始状态是$|1\rangle$，那么它就不会吸收这个光的光子并跃迁到$|2\rangle$，因为光子不和这个跃迁共振. 所以在$|1\rangle$态上的原子经过光子的照射会始终在$|1\rangle$态上，不会产生荧光. 因此，原子产生了荧光就是在告诉你：“我是 0！我是 0！我是 0！我是 0！”

我们再详细看看如何用激光让原子在态与态之间跃迁. 用光

子能量与原子基态和第一激发态能量差相等[1]的激光照射基态的原子,在跃迁过程中会发生什么?跃迁过程中间,原子和光处于一个叠加态上,即原子未吸收光子的基态和已吸收光子的第一激发态之间的叠加态上.也就是说,原子的态是两个波的叠加态.第一个波是基态,第二个波是第一激发态.原子受到光照开始跃迁时,叠加态以基态为主,只有很小一部分在激发态.跃迁进行到一半时,原子处于等概率的叠加态|0,未吸收光子〉+|1,吸收光子〉.跃迁快结束时,叠加态以激发态为主,只有一小部分留在基态.

原子不是瞬间从基态跳到激发态的.它会处于连续的叠加态上.在原子从第一激发态跳回基态并发射光子时,原子也处于连续的叠加态.此时,原子和光子的初始状态为|1,未发射光子〉,结束状态为|0,发射光子〉.在跃迁过程中,原子和光子处于叠加态|1,未发射光子〉+|0,发射光子〉.这种对原子在态与态之间跃迁并且吸收和辐射光子的描述让人想起用磁场控制原子核自旋从一个态到另一个态的描述.实际上,这两个过程本质上相同.原子核自旋变化时也是吸收了光子——来自磁场的光子[2],然后发射光子并回到初始状态.

现在,你知道如何和原子交谈了.用激光照射原子,你就能控制原子的态.你可以连续地控制原子的叠加态,可以激发它,即让它吸收一个光子,也可以退激发它,即让它发射一个光子.你也知道如何让原子说话,通过循环跃迁,你可以问原子是0还是1,然后获得答案.这意味着你可以创造新的量子比特.

把一个原子通过激光操控到|0〉+|1〉的叠加态上.这时控制它产生循环跃迁,看看它是0态,还是1态.如果是0,原子会有荧光;如果是1,原子始终黑暗.就像你拿着一个量子硬币创造了一个新的比特一样.

通过循环跃迁做测量得到信息.但如上一章所说,量子测量过程发生了什么始终没有定论.在波函数坍缩诠释中,原子和光子的波函数必须坍缩到|0,荧光〉态或|1,无荧光〉态.

在退相干历史诠释中,原子和光子处于叠加态|0,荧光〉+|1,无荧光〉,叠加态的每个态都对应一个退相干的历史.在这里,历史都是**高度**退相干的.想保持相干,那么需要你收集所有原子发射的光子,把它们反射回去并重新被光子吸收.你将需要一种洛施密特

---

[1] 译者注:即频率共振.

[2] 译者注:虚光子.

妖，即能够反转时间线上所有事件顺序的妖. 但把散射到整个宇宙的光子都反转回去太难了（不信你就试试）. 由于叠加态中的两个态发生了退相干，原子和光子就会选择其中一个态，于是，你就凭空产生了一个全新的比特.

6.2 量子计算

如果用共振的激光操纵原子，你可以从|0⟩到|1⟩来回翻转原子态，你在翻转原子的比特. 换句话说，你在实施“非”操作. 在1993年一篇题目为《一种潜在可实现的量子计算机》(*A Potentially Realizable Quantum Computer*)的论文中，我提出了如何用激光脉冲序列实现除“非”操作以外的“与”“或”“复制”等经典计算机常用的逻辑操作. 每个原子都储存一个比特，于是一堆原子就可以实现普通 Windows 电脑或者苹果电脑能实现的计算.

但是它们能做的要远多于普通 Windows 电脑或苹果电脑. 原子携带的不仅是比特，而是量子比特. 不像经典比特，量子比特可以处于|0⟩和|1⟩的叠加态；也就是说，它可以同时携带0和1. **用这些叠加态可不可以实现经典计算机无法实现的计算呢？**这个问题最早在20世纪80年代中期被多伊奇提出来，但直到20世纪90年代才有了确切的答案. 答案是：可以.

为什么量子计算机和量子比特能做经典计算机和经典比特不能做的事？想一下比特在计算机中的作用. 一些比特，如计算机硬盘和内存里的比特，是用来存储数据的. 例如，我的计算机内存里的比特正在接收和存储我正在敲的文本. 另一些比特，如计算机程序中的比特，是说明或指令. 它们告诉计算机做什么事. 一个比特是作为存储比特还是指令比特取决于使用它的语境.

设想一个比特在计算机中表示一个指令：0代表“做这个”，1代表“做那个”. 其中“这个”可以是“2加2”，“那个”可以是“3加1”；或者“这个”可以是“发送一封电子邮件”，“那个”可以是“打开浏览器”.

和经典比特不同的是，量子比特同时携带0和1. 如果量子比特作为指令，那它的意思是什么？叠加态中0的部分告诉量子计算机“做这个”，同时叠加态中1的部分告诉量子计算机“做那个”. 量子计算机如何取舍？它不做取舍，它同时“做这个”和“做那个”！就像量子比特同时携带两个值一样，**量子计算机可以同时并行两个计算.**

多伊奇把量子计算机这种同时做事情的奇特能力称为“量子并行”. 量子并行和通常经典计算机的并行计算非常不同. 经典并行计算机有多个处理器. 在经典并行计算中，一个处理器计算一个任务，另一个处理器计算另一个任务. 而在量子并行中，一个量子处理器同时计算多个任务. 这种同时做多件事的能力正是量子力学赋予的. 双缝干涉的光子可以同时通过两条狭缝，一个量子比特可以同时携带 0 和 1，一台量子计算机可以同时做两个任务. 同时做两件事的能力正是来自量子力学波的本性. 量子系统中每个可能的态都对应一个波，波可以叠加.

我们很熟悉叠加的波产生的全新和更丰富的现象. 考虑声波. 一个波在特定频率上下振动对应一个纯的音调. 一个每秒振动 440 次(即频率 440Hz)的声波称为高于中音 C 的 A 音. 每秒振动 330 次的声波称为高于中音 C 的 E 音. 这两个音的叠加态就是一个和弦，它与组成它的每一个单独的音完全不同并且丰富得多. 这种丰富程度来源于两个单独的音之间的干涉.

经典计算机就像独奏，即一个接一个的单音组成一个乐谱. 量子计算机就像交响乐，即很多声音彼此干涉. 正是这种干涉现象赋予了量子计算机独特的品质和更强的计算能力.

量子计算不仅限于两个“声音”. 像交响乐一样，其计算能力来自于错综复杂的“和弦”序列. 例如，给量子计算机输入一个“量子三进制位元(qutrit)”，即三种可能的态：0、1 和 2. 0 态告诉量子计算机“做这个”，1 态告诉它“做那个”，2 态告诉它“做别的事”. 在“这个”代表“2 加 2”，“那个”代表“3 加 1”的例子中，“别的事”可以代表“4 加 0”等. 当给量子计算机输入三个态的叠加态后，它会同时做“这个”“那个”和“别的事”. 在我们的例子中，量子计算机同时完成了“用非负整数相加得到 4”的全部三条路径. 这种量子计算机就像一个三重奏，三个波互相干涉在一起，三个计算“声音”“合奏”解构数字 4 的速度远远快于“独奏”计算的速度.

量子计算机同时能做的事的数量，即量子计算交响乐的演奏者的数量，随着输入量子比特的增长而飞速增长. 甚至很少数量的量子比特在计算时，都会允许非常复杂的干涉结构出现. 10 个量子比特输入后，量子计算机可以同时做 1024 件事；20 个量子比特输入后，量子计算机可以同时做 1048576 件事；300 个量子比特输入后，量子计算机可以同时做的事的数量甚至多于宇宙中所有基本粒子的数量. 量子并行允许只含有几百个量子比特的很小的量子计算机同时做巨大数量的事情.

6.3 又是测量问题

如果一台量子计算机正在同时做几件事，这时你问它在做什么，结果会是什么呢？有可能通过测量知道它在做什么吗？就像任何量子系统一样，如果你测量一个叠加态，测量结果会随机地落在其中的一个态. 因此，在量子计算机同时用所有可能的非负整数路径得到 4 的过程中，你的测量结果只会是其中之一. 例如，“哦，是 3＋1 路径”，或者“是 2＋2 路径”.

用交响乐来比喻：如果在量子计算机正在运行的时候测量，你不会听到所有乐器的声音，而只会随机地听到其中一个.

回想一下双缝实验. 在该实验中，电子同时在做两件事：同时穿过两条狭缝. 当你测量电子通过那条狭缝时，它会随机地只通过一条狭缝. 当量子计算机工作时进行测量，你会看到它只在做一件事. 如果想看到双缝实验的干涉条纹，你就必须要等到电子打在屏上才行，即从两条狭缝发射出的两个波发生干涉. 干涉条纹必须来自于这两个波. 在量子计算中，如果想得到最快的计算结果，你就不应该在它计算的过程中进行测量. 想得到量子计算的交响乐，你就必须要波发生干涉，即必须让计算的“声音”自发地混合在一起.

一种解释（哥本哈根诠释）就是如果在量子计算机同时做几件事时进行测量，就会“使计算机的波函数坍缩”，得到它只做一件事的结果. 另一种解释就是测量使得“计算发生了退相干”. 如前面讲过的那样，退相干解释并不认为其他的测量结果不存在，而是存在，但不会再影响我们测量后的系统.

需要注意的是，并不只有完整的测量才会让量子计算发生退相干. 在量子计算机工作时，周围经过的任何电子或者原子都可能和它相互作用并获取信息，于是就会像宏观的完整测量一样，使量子计算机发生退相干. 所以想要量子计算机发挥量子计算的能力，一定要尽可能地把量子计算机和周围环境隔离.

6.4 因子分解

量子并行使量子计算机的能力异常强大. 一台量子计算机会同时尝试各种可能的方法去解决一个问题. 因子分解就是一个例

子.一个可以写成几个大于 1 的整数乘积的整数就是可以因子分解的合数.例如,15 可以分解为 3 乘以 5.但是 7 不能分解,因为 7 只能写成 7 乘以 1.不能做因子分解(即不可约)的数称为素数,或者质数.最小的几个素数是 2、3、5、7、11、13……可以简单证明有无穷个素数.

用两个大素数,每个都是 200 位数,让它们相乘,结果是一个 400 位数.虽然这是个冗长的计算,但是无论对经典计算机还是对量子计算机来说都可以直接计算.把这个 400 位数给一个人,让他做分解,找到这两个 200 位的素数.这个 400 位的数是可以分解的,如果你知道它的两个 200 位的因子,可以直截了当地验证它们乘起来就是这个 400 位数.但对不知道这两个素数的人来说找到它们实在非常困难.目前计算机只能穷举,即一个一个素数试探.(当然有些小窍门可以排除一些素数,但是对计算速度的提高并不大.)很不幸,200 位的素数简直太多了,数量甚至比宇宙中所有基本粒子的数量还多!

所以现在没有利用经典计算机给这种 400 位的数做因子分解的方法.一台最大规模的经典计算机在几年前也只能分解 128 位的整数,而且还是把几百台经典计算机用互联网联在一起,通过上千亿次逻辑操作和几十亿的比特才完成.直到最近,才完成对一个 200 位的数做因子分解.可想而知,如果分解一个 400 位的数,用传统的经典计算,很多年后也完成不了[①].

因为给大数做因子分解存在巨大困难,因此它现在被作为信息保密的一个强有力的方法.当你用银行卡在网络购物时,你的交易密码通过一种公共密钥加密的技术得以保护.设想你在亚马逊网站上用你的信用卡付款买我这本书,亚马逊会给你一个"公共密钥",即一个由两个素数相乘得到的大数.你的计算机就用这个公共密钥把你的信息进行编码,包括你信用卡的信息.亚马逊通过一个"私有密钥"来解码,即公共密钥的那个大数的两个素数因子.任何掌握公共密钥的人都可以进行编码,但是解码就需要私有密钥,即需要素数因子.因此,公共密钥加密是一个非常有用的方法,安全性直接取决于因子分解的困难程度.一个 256 位数的公共密钥难以被经典计算机分解,因此目前它足够给绝大部分信息提供安全保护.

1994 年,贝尔实验室的肖尔(Peter Shor)提出了即使用一个相

---

① 译者注:目前超算已经成功分解了 1024 位二进制数.

对较小的、只有几千量子比特的量子计算机，都可以轻而易举地对一个 400 位的数进行因子分解. 他精心设计了计算过程，使得需要的因子可以在潜在因子组成的背景噪声中被发现. 因子如何在它们的波混在一起时被辨识出来？想想交响乐：如果贝多芬的乐章被小提琴、大提琴、笛子、长号一起演奏，无论乐章的其余部分是什么，你都会听到主旋律.

假设当量子计算机尝试所有因子时，你粗鲁地对量子计算机做了一次测量，想知道它在做什么. 结果就是“哦，我正在尝试一对 200 位素数乘起来看看是不是答案”. 大多数时间，它尝试的不是答案. 在一台量子计算机尝试所有因子时对它做测量，与随机地从 200 位素数里取一对并没什么区别. 想发挥量子计算的能力，你就不能干扰工作中的量子计算机. 你必须让并行计算互相干涉，因为只有这样，量子计算的“交响乐”才能帮你找到因子.

6.5 搜索

量子计算不仅仅有能力解决因子分解这一个困难问题. 1996 年，贝尔实验室的格罗弗(Lov Grover)提出了量子计算机可以比经典计算机更有效率地进行搜索. 假设你忘记自己的钱包放在哪个口袋了，你会一个接一个地检查所有的衣服口袋，最坏的情况是检查了所有四个口袋之后才发现，平均起来你也要检查两个口袋. 但如果用量子并行同时检查所有的口袋，格罗弗指出只要检查一次就会发现钱包.

不用说，格罗弗的算法可用在远多于四个口袋的情况. 如果你寻找一个东西需要检查 100 个可能的地点，那么只需要做 10 次量子搜索就能发现. 相比之下，经典搜索平均要做 50 次才可以. 如果你要检查 100 万个可能的地方，只需要 1000 次量子搜索，但是经典搜索需要 50 万次. 一般情况下，量子搜索的次数等于你需要检查的地方数量的平方根.

除了这些，量子计算机还能轻松解决哪些经典计算机难以解决的难题呢？为了让量子并行的“交响乐”发挥作用，你必须让量子计算的各个部分干涉. 就像写一个乐章一样，合理的安排量子干涉需要很多技巧，颇有难度. 目前，只研究了因子分解和搜索这两个量子算法相比经典计算的巨大优势[①].

---

① 译者注：近几年，本书作者劳埃德教授也提出了若干量子机器学习算法，有的用来快速求解线性方程组，有的用来生成对抗网络.

6.6 制造量子计算机

1994年秋天，我接到了加州理工学院物理教授金布尔的电话.他读了我关于量子计算的几篇论文，想与我讨论一下用光子来建造量子逻辑门的可能性.

金布尔是一个高个子的德克萨斯州人，擅长研究原子和光.别人第一次向我介绍他时，说他就是刷新了制备"光的压缩态(量子光学特有的现象)"的新纪录的人.如果他和我握手时，我的手的感受和被他压缩的光的感受类似，我就很乐意接受这个描述.当我们开始谈话时，我注意到两件事.第一是金布尔会毫不犹豫地向你表达他的想法.如果他看着你的计算并用柔软的德克萨斯口音告诉你"There's trouble in River City"(一首歌曲的名字)，那就代表你真的遇到麻烦了.第二是当他描述自己的实验时，每三个词里我能听懂的不超过一个.

那年秋天，我和金布尔以及他的学生不断地讨论，时间一周一周的过去，情况逐渐明朗.他想用单个光子和单个原子发生很强的相互作用.基本上就是把单个光子和单个原子放在一个"容器"里，这个容器叫作光学腔，由相隔几毫米的两个镜子组成.光子在镜子之间来回反射上万次后，才会逃出光学腔.金布尔把铯原子置于光学腔内，然后把激光射入该腔，观察会发生什么.由于原子在腔里停留的时间有几分之一秒那么长(几百个毫秒)，因此它就有很长的时间和里面来回反射的光子发生相互作用.

原子很小，只有一百亿分之一米大小.光子要大得多，因为光子是电磁场的量子.根据海森伯不确定性原理，电磁场的频率和光子占据的体积会此消彼长：电磁场的频率越大，光子占据的体积越小[①].在金布尔的光学腔里，光子有特定的频率，它所对应的波长非常长，足有100米！但是这个光学腔只有几个毫米长.如何把100米长的东西放到这么小的容器里？我确实花了一些时间来思考这个问题.答案是光子进入腔的过程如同蛇钻进一个咖啡罐一样：来回折叠成千上万次(通过来回反射).因为多次折叠，单光子在光学腔里携带的电磁场强度比在外面的自由空间大了成千上万倍，结

---

① 译者注：此处"体积"指以光子的波长为长度的空间范围，即能分辨一个光子的最小范围.

果就是腔里的光子和腔里的原子产生了很强的相互作用.

金布尔和他的研究生昆廷(Quentin Turchette)、胡德(Christina Hood)和马布基(Hideo Mabuchi)做了相关实验,即向一个单原子的光学腔内输入两个光子,看看光子出来的时候会有什么变化.结果发现,两个光子都和里面的单原子产生了很强的相互作用,同时两个光子(通过原子)也产生了很强的相互作用.但是这个相互作用是否足够大到实现量子逻辑门,比如受控非门?一开始,他们不太懂量子逻辑门,我也不太懂光子技术.我们合作完成后,我发现几乎任何光子间的相互作用都足以构建量子逻辑门,并且他们也实现了第一个光子学的量子逻辑门.

同时,美国国家标准局(NIST)的瓦恩兰德和门罗(Chris Monroe)用激光操作振荡电磁场中囚禁的离子,从而在实验上实现了由奥地利因斯布鲁克大学的西拉克(Ignacio Cirac)和佐勒(Peter Zoller)提出的量子计算方案.离子就是原子损失了一个电子,从而携带一个正电荷,并能被离子阱较为容易地囚禁.(一个物理老笑话:两个原子走进一家酒吧,一个原子看了一下自己说:"嘿,我丢了一个电子."另一个原子问:"你确定?"第一个原子回答:"我确定!(I'm positive!)"[①])当离子被囚禁时,它可以被激光冷却到足够低的温度来实现激光操纵的量子逻辑门.

金布尔和维因兰德的实验都是在已有的实验装置基础上进行改动而实现的,相对来说,第一个量子逻辑门的实现并不困难.因此,量子计算机(图 6.2)看上去也应该能被制造出来.

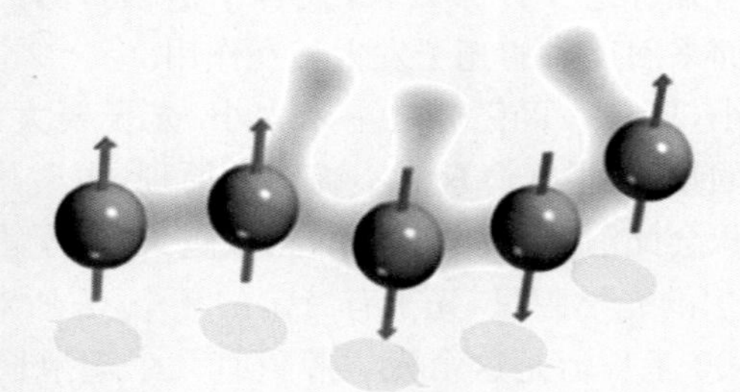

图 6.2　一个简易的量子计算机

用一个分子里原子的核自旋排成的链可以制成简易的量子计算机.这里,核自旋的排列是向上、向上、向下、向下、向上,即携带的量子比特是 00110.

1994 年 12 月,我成为麻省理工学院的教师,并开始和其他科

① 译者注:此处是双关语,positive 既表示确定,又表示带正电.

学家以及工程师们合作来制造量子计算机.麻省理工学院的核工程教授科里和他的同事哈维尔(Tim Havel)以及法米(Amir Fami)提出了用操纵原子的核自旋的技术做量子计算的方案.这种技术被称为“核磁共振”(简称NMR).很快,麻省理工学院媒体实验室的格申斐德(Neil Gershenfeld)独立发现了用NMR做量子计算的方法,于是我和格申斐德以及庄(Isaac Chuang)合作,用NMR做量子计算.仅仅用两个量子比特的量子计算机我们就能实现多任务的量子并行.随后,庄又做出了更大的NMR量子计算机,并于几年前在一个含7个量子比特的量子计算机上实现了肖尔算法.庄用这个量子计算机实现了对15的因子分解.显然,想要用量子计算机对400位的数做因子分解,还有很长很长的路要走.

在与金布尔继续合作利用光子存储和传输量子比特的同时,我在麻省理工学院和其他科学家也开始做光与原子的相互作用.电子学实验室的夏皮罗(Jeffrey Shapiro)、黄国昌(Franco N. C. Wong)和沙里亚(Selim Shahriar)在尝试量子通信,于是,我们写了制造世界上最强的纠缠光子源的提案,里面用到了利用光学腔囚禁原子来俘获这些光子的方法.这些技术和金布尔、西拉克、佐勒的量子计算技术一起,为尝试建立量子互联网构造了基础.量子互联网就是通过光信号(量子通信)把量子计算机连接起来而形成的网络.(目前,我在设计一个量子互联网搜索引擎,暂时给它起名“Quoogle”.)

与此同时,我还在和荷兰代尔夫特理工大学的莫伊基合作,尝试用超导系统制造量子计算机.在超导体中,电子移动时几乎感受不到任何电阻.这种超导的电子流动称为“超电流”.另一种理解超导的方法是材料里的原子难以抓住里面移动的电子.这就意味着材料里的电子在移动过程中可以保持量子相干性:它们一直保持纠缠.莫伊基和其他超导研究者指出可以利用超导的这种性质做量子计算.如果你用超导材料制造一个回路,并在恰当位置放置非常薄的非超导材料,即约瑟夫森(Josephson)结,回路里的超电流可以顺时针或者逆时针流动.这样的设备就可以存储1个量子比特:逆时针超电流代表0,顺时针超电流代表1.

这样的超导量子系统可以携带1个量子比特而不仅仅是1个经典比特.我们计算出,如果设计合理,使超电流和周围环境的作用最小化,那么超电流就会形成一个顺时针流动和逆时针流动的叠加态.超电流能形成叠加态一点不令人惊讶,毕竟超电流是电子的流动,而一个电子可以同时出现在两个地方.一个超电流可以有几十亿个电子，因此它同时顺时针和逆时针流动的超导回路可以大到几乎肉眼可见. 这种宏观的量子相干确实令人惊讶，但是研究人员尝试了几十年都无法实现它. 莫伊基、麻省理工学院的奥兰多(Terry Orlando)和我一起合作，最终由莫伊基的学生范德瓦尔(Caspar van der Wal)实现了用这种宏观的量子叠加态携带量子比特(纽约石溪大学的 James Lukens 组同时也独立地实现了宏观的量子叠加态). 在过去的几年中，莫伊基和其他研究人员建立并实现了超导量子比特的相干控制. 简单的含有几个超导量子比特的量子计算机最近也被制造出来并进行了测试. 现在，我在日本电气(NEC)公司的实验室和蔡杰申(Jaio-Shen Tsai)、中村(Yasunobu Nakamura)以及山本(Tsuyoshi Yamamoto)一起尝试用超导量子比特进行第一个简单的量子计算[①].

过去的10年，我幸运地和世界上最出色的实验物理学家们一起制造了量子计算和量子通信系统. 他们对自然的亲近程度非我能及，但我希望能努力赶上. 这些实验物理学家掌握了对量子力学最深的理论理解，这种理解需要精心地锻造与原子和光子交谈的全新方式，让它们做从未做过的事.

① 译者注：谷歌在2019年完成的“量子称霸”采用的就是53个超导量子比特.

第 7 章　宇宙级计算机

7.1　模拟宇宙

我们已经介绍过如何通过物理定律来实现高效地量子计算.现在,让我们思考一下量子计算机如何高效地模拟物理定律及其操作.

“量子模拟”(quantum simulation)就是利用量子计算机来模拟另一个量子系统.因为量子世界充满了各种各样的神奇现象,经典计算机只能很低效地模拟其中一小部分.但是量子计算机本身就是一个量子系统,它就有能力高效地模拟量子世界所有神奇的地方.被模拟的量子系统每一个部分都可以用量子计算机的一些量子比特来表示,这些部分之间的相互作用可以通过量子逻辑操作来模拟.这种模拟非常精确,以至于你无法区分量子计算机和被模拟的量子系统本身的差异.

如果两个信息处理系统可以高效地模拟彼此,那么在逻辑上两者是等价的.因为宇宙可以实现量子计算并且量子计算机可以模拟宇宙,所以宇宙和量子计算机有着同样的信息处理能力,它们本质上是相同的.

量子模拟是目前为止量子计算能力在实验上表现最好的领域,量子计算的应用更有助于理解宇宙的计算能力.量子系统可以同时做几件事,因此很难被经典系统模拟.模拟单个自旋需要同时做两件事,经典模拟还可以勉强应付.但模拟 10 个自旋,需要同时做 1024(2^{10})件事;模拟 20 个自旋,需要同时做 1048576(2^{20})件事.

总体来说,为了描述一个量子系统的动力学,一台经典计算机需要对量子波函数的每一个部分分别进行计算,但是量子系统处理事件的数量是随着系统增大而迅速增加的.即便只是模拟一个不大的量子系统,比如我们之前提到过的 300 个核自旋,经典计算机就搞不定了.

但是量子计算机通过量子并行可对量子波函数的每一个部分同时进行计算. 1982 年,诺贝尔奖得主,著名物理学家费曼提出了他称之为“通用量子模拟器”的想法. 通用量子模拟器利用 300 个量子比特就可以模拟 300 个核自旋. 如果能在 300 个量子比特之间引入相互作用,就可以模拟 300 个核自旋之间的相互作用,这样量子比特就可以模拟核自旋的所有动力学了.

费曼仅提出了通用量子模拟器的可行性,但是没告诉我们如何制造它. 1996 年,我指出通常的量子计算机本身就是通用量子模拟器. 也就是说,我们想要的量子力学的相互作用,都可以通过对量子比特的量子逻辑操作而在量子计算机上实现①.(量子模拟的技术方案也由瑞士伯尔尼大学的扎尔卡(Christof Zalka)和以色列特拉维夫大学的威斯纳(Stephen Wiesner)分别独立提出.)除此之外,我还提出量子模拟器满足以下两个条件时是高效的:一是量子模拟时用到的量子比特数量等于被模拟的系统的量子比特数量;二是量子计算机进行量子模拟时用到的操作数量正比于被模拟的系统演化的时间长度.

费曼提出猜想,并由我证明得出,量子计算机具有通用量子模拟器的功能,它本身的动力学可以模拟任何物理动力学. 量子模拟的方式简单直接,首先,标记出需要模拟的量子系统的各个部分对应的量子比特,确保每个部分都有足够的量子比特来模拟其动力学;其次,标记出量子系统的各个部分之间的相互作用所对应的量子逻辑操作. 量子逻辑操作的通用性决定了任何物理动力学都可以被它模拟.

量子模拟不仅仅停留在理论阶段,它已经发展到了实验阶段,就像肖尔因子分解一样. 尽管实验上目前仅实现了对整数 15 的肖尔因子分解,但相较之下,量子模拟已经达到了经典计算机无法触及的尺度. 过去的几年里,麻省理工学院的科里小组实现了包含数十亿个量子比特的量子模拟. 这种量子模拟器是一些约 1 厘米长的氟化钙晶体(我更喜欢称它们是“武器级的牙膏”),所含有的痕量杂质令它泛着诡异的紫光. 每个晶体包含 100 亿亿个原子. 利用核磁共振量子计算技术来操作晶体里原子核的核自旋,科里他们能够使这些核自旋间产生各种各样的相互作用,其中很多相互作用甚至在自然界从来没发现过. 如果用经典计算机来模拟这种量子动力学,需要计算机做 2 的 100 亿亿次方个独立的计算——数太

① Lloyd S. Universal Quantum Simulators[J]. Science,1996,273(5278):1073-1078.

大了. 科里的量子模拟器远比任何的经典计算机都强大.

科里的量子模拟是目前为止最强大的量子计算[①]. 但是当我在报告中展示这个结果时,我惊奇地看到很多听众都不同意这个量子模拟就是量子计算. 典型的回复是:“这不是计算,这只是实验!”我无法理解这种回复. 科里做的确实是个实验,我完全同意——一个量子信息处理的实验. 看上去我动摇了很多听众的想法. 就算他们同意科里实现了计算,但他们也只接受这是个模拟的量子计算. 很难让他们认为这种模拟的量子计算和“数字”量子计算一样,如因子分解和量子搜索.

模拟计算机和数字计算机区别在哪儿? **经典模拟计算机处理连续的变量,**如电压. 这是因为经典变量如位置、速度、压力、体积等都是连续的. 因此,模拟经典动力学需要处理连续变量的模拟计算机. **经典的数字计算机处理离散的量,**因为比特是离散的. 一台经典的数字计算机只能通过把连续变量做离散化来近似处理连续变量.

但是在量子计算机中,模拟计算和数字计算没有区别. 因为量子根据定义就是离散的,它们直接对应量子比特的态,没有做任何近似. 同时,量子比特也是连续的,因为它们的波动性本质,量子比特的态可以是连续的叠加态. 模拟量子计算机和数字量子计算机都是量子比特组成的,而且模拟量子计算和数字量子计算都是对它们的量子比特做量子逻辑操作. 我们的经典物理直觉总认为模拟计算就是本质上连续的,数字计算本质上就是离散的. 就像其他的经典物理直觉一样,这个直觉对量子计算来说是错误的. 模拟量子计算机和数字量子计算机是同样的东西.

7.2 模拟和现实

模拟和现实之间的区别是自古以来就有的问题. 公元前 6 世纪,在《道德经》(*Tao Te Ching*)的第一行,老子就写下了描述现实所遇到的困难:“道可道,非常道. 名可名,非常名.”由于老子的这句话过于简洁,后人对它做过不下上万种的解释. 老子的话看起来像是说给事物命名——用带含义的词语为其命名——引入了人为

---

① 译者注:由于英文版书 2006 出版,距今已十多年,在此期间出现了很多更强大的量子模拟.

的区分，却无法描述整个宇宙的整体.（想把这个思想解释得像车尾语那么简单，可以用："别说，做."）哲学家巴姆（Archie Bahm）曾将这句话解释为："大自然无法被完全描述，如果有这个描述，那么就等于复制了一个大自然."也就是说，一个对宇宙的完美描述就等同于另一个一模一样的宇宙，两者不可分辨.

我们试试如果把老子的思想放在模拟宇宙的量子计算机上会发生什么.我们会看到，宇宙或者至少我们知道的那部分宇宙在时间和空间上有限.我们知道的这部分宇宙原则上可以对应有限个量子比特.同样，宇宙的物理动力学和各部分之间的相互作用，对应着对这些量子比特做的量子逻辑操作.

但并不是说我们可以精确地实现这种对应.我们知道如何把基本粒子的行为对应到量子比特和逻辑操作上.也就是说，我们知道如何将粒子物理的标准模型，即精度极高地描述我们世界的模型对应到量子计算机上.但我们不知道如何将引力的行为对应在量子计算机上，因为物理学家还没有完成量子引力的完整理论.目前，虽然我们还不知道如何模拟宇宙，但我们可能很快就会知道.

这时再想想《道德经》.能模拟整个宇宙的量子计算机必须有与整个宇宙的量子比特数量一样多的量子比特和量子逻辑操作，才能精确地模拟整个宇宙的动力学.这样的量子计算机就是拉普拉斯妖的物理实体：它能够模拟整个宇宙的行为.这种量子计算会对大自然进行最完整描述，使其和大自然本身无任何差别.因此，在根本上**可以把宇宙视作在进行量子计算**.同样，因为基本粒子的行为可以精确地对应到量子比特和量子逻辑操作上，**因此在一台量子计算机上实现的对整个宇宙的量子模拟与这个宇宙本身是不可分辨的.**

通常的观点是宇宙除了基本粒子外别无他物.确实是这样，但这也等同于宇宙除了比特之外别无他物，或者说除了量子比特以外别无他物.如果说一个鸟走路像鸭子，叫声也像鸭子，那它就是鸭子.那么用同样的想法，我们可以说既然宇宙像量子计算机一样存储和处理信息，看上去和量子计算机一模一样，那么宇宙就是一台量子计算机.

7.3 计算型宇宙的历史

我找不到20世纪以前关于宇宙是计算机的观点.古希腊天文

学家认为宇宙是由各个微小的部分和它们之间的相互作用构成的，但他们不知道原子可以处理信息.拉普拉斯想象中的妖，能够计算宇宙的所有未来，但也只是一个生物，不是宇宙本身(拉普拉斯没有管他的生物叫作妖，我觉得他更想把这个生物叫作先知).巴贝奇也没有想过把他的计算机器用作物理动力学模型，图灵也是，尽管图灵对图像和复杂性感兴趣，也做出了一些显著的研究.

我发现第一次把宇宙当成计算机的想法来自于阿西莫夫1956年发表的科幻小说《最后的问题》(*The Last Question*).在小说中，人类创造了一系列计算机来帮助他们探索银河系以及其他星系.(在互联网历史中，这种被阿西莫夫称之为Multivac的计算机，就是Google.)

故事开始于公元2061年，卢波夫(Lupov)和阿德尔(Adell)，即两位在Multivac上工作的人，一边喝酒一边争论着宇宙的未来，决定问这台计算机在几十亿年后所有的恒星都燃尽的时候，人类是否还能生存.

卢波夫说："无论什么东西在宇宙大爆炸的时候都有个开端，因此在恒星都燃尽的时候也都有个终点……一万亿年之后，一切都变成黑暗，熵增加到最大，这就是结局……"

轮到阿德尔发言."也许我们可以重建宇宙."他说.

"不可能."

"为什么？某一天终究会可以."

"永远不可能."

"那问Multivac."

"你去问Multivac吧，我跟你赌5美元，它会回答不行."

阿德尔于是借着酒胆去问Multivac，仅保持能用必要的符号和操作来提出这个问题的清醒程度："人类未来某一天能够不需要能量就可以把已经燃尽的太阳恢复到它年轻时的样子吗？或者可以简单点说，怎样让宇宙的总熵减少？"

Multivac陷入了沉默.闪光灯停止闪烁，计算的声音也停止了.就在这两个技术人员吓得快要停止呼吸时，Multivac突然复苏并显示出一行字：没有足够数据来提供答案.

在这个故事里，随着时间的推移，人类探索了银河系，然后是其他星系，最后变得永垂不朽(毕竟是个科幻)，一代又一代新的Multivac变得越来越强，最后可以计算宇宙的全部.人类继续问着这台计算机同样的问题.最终，当所有的人类智能以及其他一切东西都融入到Multivac的终极形态"宇宙AC"里时，计算机才得到了答案,说:“要有光!”

在阿西莫夫这个故事里,宇宙逐渐变成了计算机,而不是从一开始就是.我们感兴趣的是宇宙如何从一开始就是计算机.物理和计算之间的联系在20世纪60年代初由IBM的兰道尔指出.计算能够实现是因为物理定律会保护信息,这个想法在20世纪70年代由IBM的本内特和麻省理工学院的弗雷德金、托弗利、马尔高拉斯(Norman Margolus)给出.宇宙本身可能是计算机的想法也是在20世纪60年代由弗雷德金和楚泽(即第一个建造现代电子计算机的人)分别独立提出的.弗雷德金和楚泽指出宇宙也许是一种叫作“元胞自动机”(cellular automaton)的经典计算机,包含相邻比特之间的相互作用的比特陈列.最近,沃尔弗拉姆又扩展了弗雷德金和楚泽的想法.

这种用元胞自动机建立宇宙的基本理论很有吸引力.但问题是,经典计算机无法实现量子特性,比如纠缠.还有,如我们之前所说,即使模拟宇宙的一个非常微小部分的量子力学现象,都会需要像宇宙本身那么大的经典计算机.因此,难以想象宇宙是一个类似于元胞自动机的经典计算机.如果真是如此,那么这个计算机巨大的计算设备本身将永不可能被观察到(因为比宇宙还大很多).

7.4 计算的物理界限

当了解量子力学和量子计算时,你会发现衡量任何物理系统的计算能力其实都很简单.任何系统都携带信息,设想一个电子可以在两个地点“这里”和“那里”其中之一被探测到.这样的电子携带1比特的信息(如兰道尔所说,信息即物理).当电子从这里移动到那里时,它的比特也随之反转.换句话说,当物理系统变换它的状态时,这个系统携带的信息也被转换和处理(信息处理也是物理的).

电子能在哪里,怎样从一处运动到另一处,都是受物理定律支配的.物理定律决定了一个系统携带多少信息以及能多快地处理信息.物理决定了计算机的能力极限.

在《计算的终极物理极限》(*Ultimate Physical Limits to Computation*)的文章中,我指出任何物理系统的计算能力,都是这个系统可利用的能量和系统大小的函数①. 例如,我可以用这个极限来计算1升体积、1千克重的物质所拥有的最大计算能力. 一个普通的笔记本电脑重量大概为1千克,体积也大概为1升. 我称这个1千克重、1升大小的计算机为“终极笔记本电脑”(图7.1). 下次你想买新的笔记本电脑时,可以先和这个终极笔记本电脑比较一下.

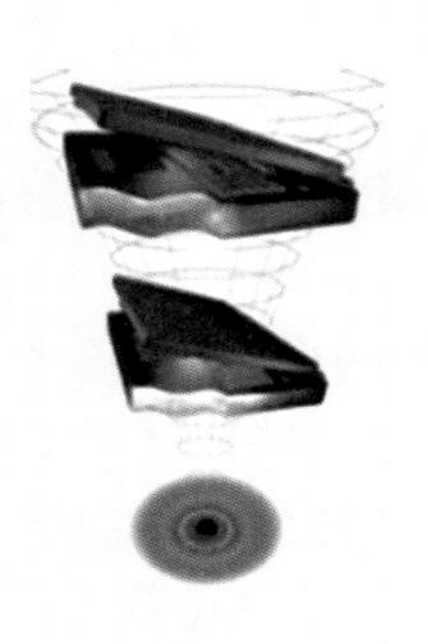

图7.1　终极笔记本电脑

“终极笔记本电脑”就是其所有的基本粒子都能用来做计算的一台1千克重、1升体积的计算机(大小和普通笔记本差不多). 每秒可以对1000万亿亿亿个比特实现1000亿亿亿亿亿亿次逻辑操作.

这个终极笔记本电脑的计算能力有多强? 第一个根本上的限制来自于能量. 能量限制了速度. 例如,一个携带1比特的电子从这里移动到那里(反转一个比特),电子的能量越高,从这里移动到那里的速度越快,比特的反转也就越快.

一个比特反转的最高速度由马尔高拉斯-莱维丁(Margolus-Levitin)定理决定. 马尔高拉斯是研究计算背后的物理学的先驱者之一,与他在麻省理工的导师托弗利共同提出了简单的物理系统(如原子碰撞)可以实现通用的数字化计算. 波士顿大学的莱维丁(Lev Levitin)是用物理定律计算信道通信能力(如光纤通信)的先驱者之一. 他们合作并在1998年提出了马尔高拉斯-莱维丁定理②.

马尔高拉斯-莱维丁定理说的是物理系统(如一个电子)从一个状态移动到另一个状态的最大速度正比于这个系统的能量:可利用的能量越大,电子从一处移动到另一处所需要的时间越短. 这个定理的适用范围非常广泛,它不在乎什么系统正在携带和处理

---

① Lloyd S. Ultimate Physical Limits to Computation[J]. Nature, 2000, 406(6799): 1047-1054.

② Margolus N, Levitin L B. The Maximum Speed of Dynamical Evolution[J]. Physica D Nonlinear Phenomena, 1998, 120(1-2): 188-195.

信息，它只在乎系统能用来处理信息的能量. 例如，我的计算机里的原子和电子，它们工作时的温度比室温高那么一点点. 每个原子和电子都在做无序的热运动，无论是原子还是电子，热运动的总能量都正比于温度，因此计算机里一个电子从一个状态变成另一个态，从一点移动到另一点或者说从 0 变成 1，和一个原子从一个状态移动到另一个状态的速度是一样的. 电子和原子反转比特的速度相同.

马尔高拉斯-莱维丁定理给出了计算比特反转的最大速度的方法. 把可用来反转比特的总能量乘以 4，再除以普朗克常数，结果就是每秒能够反转的比特的次数. 用这个方法计算我的电脑里的原子和电子，我们可以得到这些热运动的原子和电子最多每秒可以做 30 万亿（3×10^{13}）次比特反转.

原子和电子反转比特的速度比普通计算机反转比特的速度要大很多. 与原子和电子通过热运动反转比特相比，我用的这台计算机需要花费其 10 亿倍的能量来给寄存器的电容充电和放电，但是我的计算机反转比特的速度比原子和电子慢 10000 倍. 我的计算机这么慢并不违反马尔高拉斯-莱维丁定理，这个定理只是给出了反转比特的上限，但没有给下限，因此比特反转多慢都没有关系. 但是量子计算机反转比特的速度始终是马尔高拉斯-莱维丁定理允许的最大速度.

马尔高拉斯-莱维丁定理设定了每秒对比特做的基本操作的数量上限. 假设我们让反转比特所用到的总能量不变，但是把能量平分给两个比特，现在每个比特含有的能量是之前每个比特含有的能量的一半，反转速度也是原来的一半，这样每秒反转的比特总数保持不变. 如果我们把可利用的总能量分给 10 个比特，每个比特就需要花费 10 倍的时间来反转，但是每秒总的反转比特数依然保持不变. 无论怎么变化系统的大小，马尔高拉斯-莱维丁定理都不会在乎能量怎么分配，每秒能做的最大操作数量就是能量 E 乘以 4 再除以普朗克常数.

马尔高拉斯-莱维丁定理可以轻而易举地计算出一台终极笔记本电脑的最大计算能力. 一台终极笔记本电脑所含的能量可以用爱因斯坦质能方程 $E=mc^2$ 计算出来，E 在这里是能量，m 是笔记本的质量，c 是光速. 终极笔记本电脑的质量为 1 千克，光速是每秒3×10^8 米，我们得到一台终极笔记本电脑的能量为 10 亿亿（10^{17}）焦耳. 用另一个单位表示，这台笔记本电脑所含的能量是 20 万亿（2×10^{13}）千卡，大约相当于 1000 亿根棒棒糖所含的热量，确实是非常大的能量.

另一种测量能量大小的单位是原子弹爆炸释放的能量.终极笔记本电脑有20兆吨级的能量(即2000吨TNT炸药释放的能量)用来做计算,与一个大氢弹爆炸释放的能量差不多.事实上,当全力运算时,即把每一份可用的能量都用来反转比特时,这个终极笔记本电脑的内部看上去就会和氢弹差不多,因为携带和处理信息的基本粒子在里面会有几十亿摄氏度,所以它看上去就像个微型的宇宙大爆炸.(如果真有这种笔记本电脑,那么我们需要远远强于现在的包装保护技术.)这时,终极笔记本电脑每秒做得逻辑操作数非常大,每秒1000亿亿亿亿亿亿(10^{51})次操作.英特尔公司还有很长的路要走.

英特尔公司要走多远呢?想一下摩尔定律:在过去的半个世纪,每18个月计算机处理信息的数量和速度都会翻一番.各种各样的技术——最近的是集成电路——使得信息处理能力保持这种指数增长.没有理由相信摩尔定律可以一年一年地保持下去,它只是人类智力的定律,不是自然的定律.到某一天,摩尔定律就会失效.尤其是,不可能有其他笔记本电脑的计算速度能够超过前面提到的终极笔记本电脑.

如果按照现在的进步速度,多久人类会造出终极笔记本电脑呢?按每一年半翻一番的速度,15年就会翻10次,即变成原来的1000倍.因此,现在的电脑比最早的电子计算机快了10亿倍.目前,计算机的计算速度在每秒1万亿(10^{12})次的量级,按照摩尔定律(如果依然有效),我们将在2205年造出终极笔记本电脑.

能用来计算的总能量限制了计算速度.但是速度并不是你买一台新计算机时唯一关心的地方,存储空间大小同样重要.终极硬盘能有多大?终极笔记本电脑内部的基本粒子在计算时,温度会上升到几十亿摄氏度.宇宙学家们用来测量宇宙大爆炸所含的信息比特数的技术,可以用在终极笔记本电脑上了.终极笔记本电脑里所有的基本粒子大概携带了1000万亿亿亿(10^{31})比特的信息,比现在世界上所有的计算机的硬盘里储存的比特数加起来都要多很多.

多久人类会造出终极笔记本电脑里的终极硬盘呢?其实,目前存储容量的摩尔定律比计算速度的摩尔定律增长还要快.硬盘存储容量大概每一年多一点就会翻一番.按照这个速度,大概需要75年就能实现这种终极硬盘.

当然,摩尔定律依赖于人类解决问题的能力.把导线、晶体管、电容做得越小会越难,而且越小越不好控制.历史上,已经很多次提到摩尔定律要失效了,每次都是因为遇到了难以解决的技术问题,但是每次又都被聪明的科学家和工程师解决了.此外,如前面提到的,我们有确凿实验证据表明可以把计算机的基本零件做到原子的大小.现有的量子计算机已经在原子尺度上存储和处理信息了.按照现在电路微型化的速度,摩尔定律40年内还不可能达到原子的尺度,所以还能继续有效.

7.5 宇宙的计算能力

现在我们知道了终极笔记本电脑这样大小的一块物质会有多强的计算能力了.让我们转向更大的计算机——阿西莫夫小说《最后的问题》里那个和宇宙一样大的计算机.假设宇宙中所有的物质和能量都成了这台计算机的资源,这个计算能力会有多强大?这台宇宙计算机包含了宇宙中的一切,我们可以用与估算终极笔记本电脑计算能力同样的方法来估算它的计算能力.

首先,能量限制计算速度.因为宇宙的能量绝大部分锁在了原子的质量里,因此我们可以得到比较精确的宇宙总能量.如果数出所有的星系、星云等总的原子数,那么我们会发现宇宙的密度大概是每立方米里有一个氢原子.

宇宙还有其他形式的能量.例如,光就具有能量(尽管远小于原子含有的).星系的旋转速度还表明宇宙中有我们看不见的暗物质,它们也含有能量.它们是什么现在还不清楚,几个猜想分别是wimps(弱相互作用大质量粒子)、winos(超W粒子)、machos(晕族大质量致密天体)等.宇宙的加速膨胀还表明了有另一种能量,即暗能量的存在.这些能量加起来不会超过我们看到的物质携带的能量的10倍,因此对宇宙的计算能力来说,不会有量级上的大变化.

在估算宇宙的计算能力之前,我们要清楚计算的是什么.目前的观测数据倾向于宇宙在空间上是无限的,会永远膨胀下去.在一个空间无限的宇宙里,总的能量也是无限的,结果就是比特数和操作数都是无限的.

但观测数据还告诉我们宇宙有着有限的年龄:稍小于140亿年.信息的传输速度不会超过光速,于是我们能获取信息的这部分宇宙是有限的.我们能获取信息的这部分宇宙称为"视界之内"(可观测宇宙)，而在视界之外发生了什么，我们只能瞎猜了. 我们要估算的计算能力就是我们视界之内的宇宙. 大爆炸之后，视界之外的信息处理无法影响到视界之内的宇宙. 因此，我们估算的“宇宙的计算能力”指的是“视界之内的宇宙的计算能力”.

随着时间的推移，视界不断膨胀，膨胀速度是光速的三倍. 通过天文望远镜，我们可以看到宇宙的历史，现在我们看到的最远的天体，其实是它在稍小于 140 亿年前发出的光. 在这段时间中，因为宇宙还在不断膨胀，这个天体会离我们越来越远，现在距我们已经是 420 亿光年了. 随着视界的膨胀，越来越多的天体进入视界，视界以内的宇宙的总能量也越来越多，计算能力也越来越强. **总的计算能力从宇宙诞生开始随着视界的增加而增加.**

视界距离我们 420 亿光年远. 平均下来，视界之内的宇宙每立方米约含有一个氢原子，每个氢原子具有的能量是 $E=mc^2$，加起来我们能够得到视界之内的宇宙大约含有 1000 万亿亿亿亿亿亿亿亿(10^{71})焦耳的能量. 其中大部分都是可以用作计算的自由能. 这可是很多的卡路里啊！想吸收这么多热量，你的身躯需要像宇宙那么大.

要获取宇宙处理信息的最大速度，可以用马尔高拉斯-莱维丁定理：视界内宇宙的总能量乘以 4，再除以普朗克常数. 结果是每秒宇宙可以做 10 万古戈尔(googol，10^{105})次操作. 随着 140 亿年的膨胀，宇宙计算机已经进行了 100 万亿亿古戈尔(10^{122})次操作.

做个对比，让我们看一下全世界历史上所有的电脑加起来做过多少次操作. 由于摩尔定律，一半的操作发生在过去的一年半内.(无论何时，你有一个进程每 18 个月处理能力翻一番，那么过去的 18 个月就发生了历史上该进程所有处理数量的一半.)世界上大概有 10 亿台计算机，平均下来每台计算机的信息处理速度大概是每秒 10 亿次(即 1GHz 的频率). 在每次的信息处理中，计算机大概实现了 1000 个基本操作. 一年大概 3200 万秒，那么过去的一年半中，地球上所有的计算机大概进行了 1 万亿亿亿(10^{28})次操作. 在人类历史上，计算机所进行的操作总数不会超过这个数字的两倍.

宇宙计算机有多大的存储容量？我们要再次数一下原子和光子总数来估算它们携带的总比特数，从而得到总的存储容量. 和估算终极笔记本电脑的存储容量一样，总的比特数可以用普朗克在 100 年前建立的方法来估计. 结果是宇宙计算机会存储 1 万亿亿亿亿亿亿亿亿亿(10^{92})比特的信息——远远大于地球上所有计算机的总存储容量. 地球上所有计算机平均下来每台的存储容量不超过1万亿(10^{12})比特①,因此地球上所有计算机加一起的总存储容量也不超过10万亿亿(10^{21})比特.

宇宙计算机已经在10^{92}数量的比特上实现了10^{122}数量的操作. 这些数太大了,不过我还能想象更大的. 实际上,当估算出宇宙这么大的计算机能够进行的操作次数时,我的第一反应是"这就是全部?"

没错,这就是全部. 在这个宇宙的历史上没有计算机可以超过它. 但这已经足够了. 因为量子计算机可以高效地模拟物理系统,一台对10^{92}比特做了10^{122}个操作的量子计算机可以创造我们看到的一切东西.(如果你不仅考虑基本粒子携带的比特,同时还考虑后面我们会提到的量子引力携带的比特,或许会达到10^{122}比特.)这些操作和比特的数量可以通过以下三条途径解释:

(1) 它们给出了宇宙自诞生以来所有物质能做的所有计算的上限. 物理定律对比特数和计算速度做了根本的限制. 计算的速度由可利用的能量限制. 比特的数量由做计算的系统的大小限制. 因此,我们知道比较精确的宇宙的大小和总能量,也就知道了它总的计算能力上限,只要计算机符合物理定律,就不会超过这个上限.

(2) 它们给出了用一台量子计算机模拟宇宙时所需要的比特数和操作数的下限. 之前,我们知道量子计算机能非常高效地模拟量子系统. 为了模拟这个系统,量子计算机需要和这个系统具有同样多的量子比特. 此外,为了模拟这个系统的每个基本事件,例如每次一个电子从一点移动到另一点,这台量子计算机需要至少一次操作. 能模拟整个宇宙的一台量子计算机必须具有和这个宇宙一样多数量的量子比特,以及和这个宇宙自诞生以来进行过的操作数量一样多的基本操作.

(3) 第三个解释比较矛盾. 如果你把整个宇宙当成一台计算机,从诞生以来它对10^{92}比特做了10^{122}个操作. 是否把宇宙当成计算机,一定程度上是个品味问题. 若说宇宙已经进行过10^{122}个操作,你首先要定义每次操作对应的基本物理过程. 在计算机中,一次操作就是反转一个比特(另一些逻辑操作,比如AND操作,计算机是否反转比特,取决于另外几个比特的状态). 这里,我们说一个物理系统实现一次操作是指它利用足够的能量和时间反转了一个比特. 用这个简单的"操作"定义一个物理系统乃至一个宇宙能做

① 译者注:相当于1 TB的硬盘容量.

的总的操作数，就可以用马尔高斯-莱维丁定理计算了.

随着时间的推移，我们的视界会持续膨胀，总的用来携带比特和实现计算的能量也会不断增加. 总的操作数和总的比特数是宇宙年龄的增函数. 在宇宙学的标准模型中，视界内总的能量与宇宙的年龄成正比. 既然信息处理速度和可利用的能量成正比，那么视界内宇宙每秒的操作数也和视界本身一样，即和宇宙的年龄成正比. 宇宙自诞生以来，总的操作数正比于随宇宙年龄增加的每秒的操作数；也就是说，自大爆炸以来，宇宙做的总的操作数正比于宇宙年龄的平方.

同样，通常的宇宙学给出视界内的比特数与宇宙年龄的 3/4 次方成正比. 宇宙的信息处理能力随着时间不断增加，未来看上去很乐观.

7.6 那又怎样?

我们知道了宇宙如何计算，也知道了宇宙的计算能力. "那又怎样?"你也许会问，"宇宙是个量子计算机这种观点能给我带来什么我未曾有过的东西?"毕竟我们已经有了关于基本粒子的完美的量子理论. 那么如果这些基本粒子也在处理信息和进行计算呢?我们真的需要一个全新的范式来思考宇宙是如何运行的吗?

这些问题很有道理. 我们从最后一个问题开始. 物理学对宇宙的传统解释是把宇宙当成一台机器. 现代物理学基于机械范式，世界由背后的力学规律支配着运行. 实际上，机械范式是所有现代科学的基础. 霍布斯(Thomas Hobbes)在他的政治论述书《利维坦》(*Leviathan*)的开篇对此有一个漂亮的表述：

"大自然"，也就是上帝用以创造和治理世界的艺术，也像在许多其他事物上一样，被人的艺术所模仿，从而能够制造出人造的动物. 由于生命只是肢体的一种运动，它的起源在于内部的某些主要部分，那么我们为什么不能说，一切像钟表一样用发条和齿轮运行的"自动机械结构"也具有人造的生命呢? 是否可以说它们的"心脏"无非就是"发条"，"神经"只是一些"游丝"，而"关节"不过是一些齿轮，这些零件如创造者所意图的那样，使整体得到活动的呢? 艺术则更进一步：它还要模仿有理性的"大自然"最精美的艺术品——"人".

不同的范式非常有用，它们让我们用新的思路思考世界，把世界当成一台机器造就了几乎所有的科学，包括物理学、化学、生物学.机械范式里最主要的量就是能量.我的这本书会给出一个新的范式——强大的机械范式的扩展版：我把世界不仅仅当成机器，而且当成一台能处理信息的机器.在这个范式中，有两个最主要的量，即能量和信息，它们彼此地位平等，相辅相成.

想一下把人体当成钟表那种精密机械之后对生理学的深入洞察（霍布斯的例子是对政治的深入洞察），可计算宇宙的范式使我们更深入地洞察宇宙如何运行.也许这种宇宙信息化的视角所提供的最重要的新洞见就是解决复杂性问题.传统的机械范式无法简单地回答“为什么宇宙，特别是地球上的生命如此复杂”的问题.从可计算宇宙的视角，宇宙与生俱来的信息处理能力可以系统地产生所有可能的秩序类型，无论是简单的还是复杂的.

可计算宇宙给出的第二个洞见就是关于宇宙是如何开始的.如之前介绍，物理学面临的最重要问题之一就是量子引力.20世纪初，爱因斯坦提出了优美的引力理论，即广义相对论.这是最简洁优雅的物理理论之一，决定了我们在大尺度上观测到的现象.量子力学决定了我们在小尺度上观测到的现象.但是如何给宇宙诞生一个完整的描述（那时宇宙还很新、很微小而且极其有活力）需要一个把广义相对论和量子力学统一起来的理论，但是这两个经过无数次检验且毫无疑问是正确的理论却不相容.

物理学家为建立引力的量子理论做了很多尝试.斯莫林（Lee Smolin）在他2001年出版的《通向量子引力的三条途径》（*Three Roads to Quantum Gravity*）中做了清楚的总结.但这三条途径[①]目前都没有到达目的地，量子计算可以给出“第四条途径”.但像其他的尝试一样，我们还需要做很多工作.在这个理论发展中的任何时间节点，任何一个和实验或观测结果的致命冲突都会断送这条途径.尽管如此，我们这里还是有一个由量子计算通向量子引力的路线图.

7.7 量子计算和量子引力

当知道量子计算如何工作的，你就离理解广义相对论如何工作以及量子计算如何产生一个引力和基本粒子的统一理论不远

① 译者注：这三条途径分别是超弦理论、圈量子引力和全息原理.

了. 想知道量子计算如何给出广义相对论,先回顾一下量子计算的电路图(图 7.2).

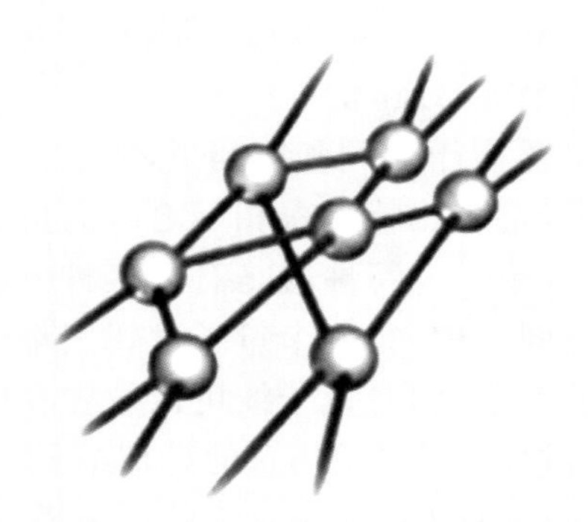

图 7.2　时空的量子电路模型

在可计算宇宙中,时空的结构由逻辑门和线路编织而成. 每个逻辑门上有两个量子比特相互作用;逻辑门通过线路连接,这些线路描绘出量子比特聚集、相互作用和分开时所走的路径.

这种“电路图”可以描述量子计算过程中量子比特的行为. 量子比特沿着“量子线”到达逻辑门,并在这里发生相互作用. 更多的量子线把它们引向其他的逻辑门,从而和其他量子比特相互作用. 任何量子计算都可以由这种简单的单元构成. 这种电路图给出了量子计算的因果结构(量子线)和逻辑结构(逻辑门). 因果结构和逻辑结构完全规定了量子计算.

为了从量子计算构建引力的量子理论,我们需要展示量子计算能够涵盖空间和时间,以及空间和时间中的量子物质的概念——爱因斯坦的广义相对论可以从量子计算中导出. 想推导出引力,量子计算需要推导出引力如何作用在量子力学描述的物质上,以及量子力学描述的物质如何响应引力. 有用的理论必须能做出预言,也就是说,它不但能追溯宇宙早期的过程,还能预言黑洞蒸发殆尽之后的世界——即宇宙的最终未来.

这是个很大的目标,我们现在当然还有许多问题无法解决. 宇宙的量子计算模型还是一个正在研究当中的课题,还远远不是所有物理问题的答案(不过我们会试着解决其中的少数几个问题).

广义相对论是关于时间、空间和与之相互作用的物质的理论. 能与物质相互作用的时间和空间的每一种可能构型都称为“时空”. 我们的宇宙就是一个特殊的时空.

在可计算宇宙的范式中,时间、空间以及和它们相互作用的物质的概念,都可以从更底层的量子计算衍生出来. 也就是说,任何一个量子计算都对应一个可能的时空，或者更准确地说时空的量子叠加态，它们的性质来自于量子计算. 我们第一个目标就是说明这个衍生出来的时空符合爱因斯坦的广义相对论. 然后，来看看我们的理论对可计算宇宙的预测.

设想把量子计算置于时间和空间里，每一个逻辑门都在时间和空间的一个点上，量子比特沿着相互之间的量子线从一点流到另一点. 这个图像的第一个特性就是有很多种方法可以把量子计算放置于时间和空间当中. 每一个量子逻辑门都可以放置在没有其他量子逻辑门的点上，同时量子线可以放置在所有地方来连接量子逻辑门. 计算过程中对量子信息的处理结果，不依赖于量子计算如何被放置于时空中. 用广义相对论的话来说，量子计算的动力学是“广义协变”的，只要量子比特按正确的时序相互作用，量子计算根本“不在乎”时间和空间背景.

量子计算不在乎时间和空间背景，意味着时空能够从量子计算中衍生出来是符合广义相对论的. 为什么？因为爱因斯坦推导广义相对论时就要求这些定律是与时间和空间背景无关的. 在这个假设前提下，广义相对论才是唯一符合广义协变的引力理论.

严格地证明由量子计算导出的时空符合广义相对论，需要很多数学公式，不过我们可以简要介绍一下过程. 量子计算的线路图告诉你信息向哪里流动，它为时空提供了一个因果结构. 但是广义相对论告诉我们，时空的因果结构差不多决定了时空的所有性质，唯一有待确定的就是局域化长度的尺度.

直接就能看出来为什么局域化长度的尺度对时空的结构非常重要. 假设我以一根不带刻度的棍子为单位来测量麻省理工学院里的某段距离. 我可以测量麻省理工学院的“无限走廊”(一个很长但有限的走廊贯通了整个主楼，我的办公室就在其中)，得到的结果是 25 根棍子长. 然后，我给你发个电子邮件：“无限走廊的长度是 25 个单位.”这个邮件对你想知道无限走廊的真正长度来说没有任何意义，除非你知道我用的单位(棍子的长度)是多长. 为了向你传达一个单位的大小，我们可以用一个标准的长度做单位. 例如我告诉你，我用的单位等于氪-86 原子光谱上橙红光波长的 1650763.73 倍(就是 10 米). 如果你有一个氪-86 原子，就会知道无限走廊在你的局域化长度的尺度下有多长了. 如今，时间的测量越来越准确，米的定义已经成为光传播一秒的距离的 1/299792458. 如果你愿意，我可以把我用的单位定义成光传播一秒的距离的 1/299792458 的10 倍(仍是 10 米). 现在你就知道无限走廊的长度了，如果你有光和足够精确的时钟.

现在回到可计算宇宙.当量子计算的因果结构确定时，时空需要唯一确定的特征就是局域化长度的尺度，这个可以用局域化的量子力学物质的波长来确定.可计算宇宙中的“物质”源于量子逻辑门.任何能从局域相互作用产生的量子力学物质都能被量子逻辑门模拟和构造.量子比特构成了一种“量子计算子”，即行为如同基本粒子的计算形态物质.像基本粒子一样，每一个量子逻辑门对应一个波，波的振动对应于量子比特在量子逻辑门之中的转换.量子逻辑门对应的波的振动次数称为“逻辑门作用量”.

在计算过程中，量子比特积累作用量.总的作用量等于计算过程中所有的量子比特的总振动次数.一个清楚的事实是，无论在经典力学还是量子力学中，作用量可以决定一个物理系统的所有行为.量子逻辑门的作用量决定了量子计算时发生的一切.我喜欢的方式是让作用量出现在作用的地方.

爱因斯坦方程建立了时空几何和其中物质行为的关系.几何告诉物质怎么运动，物质告诉几何如何弯曲.爱因斯坦方程建立了每一点的时空弯曲和这一点的作用量的关系，在我们的情况中，就是每一点的时空弯曲和量子逻辑门的波的振动次数的关系.

我们需要选择局域化长度的尺度来完全确定时空弯曲.当选定这些尺度后，可计算时空的结构也就确定了.能够直接证明合适的局域化长度的尺度可以让时空符合爱因斯坦的广义相对论，这不是巧合.（因为量子计算不依赖于它的时空背景，我们的理论是自动协变的.因此，只要放置在时空之中，量子计算就必然遵守爱因斯坦方程.）

爱因斯坦向惠勒提出了如何简单描述广义相对论的一个挑战.惠勒接受了这个挑战并描述道：“物质告诉空间如何弯曲，空间告诉物质怎么运动.”让我们把惠勒的话用在可计算宇宙上：“信息告诉空间如何弯曲，空间告诉信息如何流动.”在可计算宇宙中，空间充满了“量子线”，即信息流动的线路.量子线告诉信息如何流动.量子线遇到逻辑门时，信息被转换和处理.逻辑门再告诉空间如何在一点上弯曲.时空的结构可以从底层量子计算结构中衍生出来.

量子引力的可计算宇宙图像预测了许多我们周围宇宙的性质.它给出了时空如何响应量子力学物质的一个直观图像.它可以用来计算早期宇宙的量子涨落如何决定物质密度和未来的星系位置.它支持黑洞的形成和蒸发模型.底层量子计算用到的量子比特

能够完美地构造基本粒子标准模型描述的一切现象. 换句话说，量子计算就是物理学家眼中的一个“万有理论(theory of everything，缩写为 TOE)”. 因为很多万有理论经常搞到最后变成万无理论，所以我更倾向于叫它“潜在的万有理论(potential theory of everything，缩写为 PTOE)”. 这个潜在的万有理论的箴言可以仿照惠勒的话(“一切源于比特(It from bit)”)，即“一切源于量子比特(It from qubit)”.

量子力学和广义相对论的可计算宇宙范式给出了一条直达量子引力的途径. 这条途径和斯莫林书中介绍的三条途径完全不同，但殊途同归. 这个方向的研究还在进行当中，但它已经给出了关于早期宇宙以及黑洞蒸发的一系列预言. 这些预言可以通过实验来检验，比如测量宇宙微波背景辐射，即大爆炸遗留下来的辐射. 至于可计算宇宙的范式是否是一条通往量子引力的途径，或者是否会和实验观测结果相冲突而被否定，时间会告诉我们答案.

尽管科学的发展充满不确定性，但广义相对论源于量子计算的理论还是跨越了其他三条途径都没有跨越的一个里程碑. 因为量子计算很容易包含和重新诞生出量子动力学，量子引力的可计算宇宙理论直观并自洽地统一了广义相对论和基本粒子标准模型. 这个成果告诉我们如果沿着可计算宇宙这条路走下去，也许会达成我们的目标，即通过了解宇宙如何处理信息来了解宇宙万物.

第 8 章　复杂性简化

8.1　把东西变复杂

宇宙的可计算本质所导致的主要结果就是产生复杂系统，比如生命. 尽管基本的物理学定律都是简单的形式，但是它们具有计算普适性，因此可以产生出大而复杂的系统. 除了能包含粒子物理的标准模型，并且给出一条（至少是部分给出）实现量子引力的路之外，可计算宇宙还给出了宇宙的最重要的特征之一：它的复杂性. 一开始，宇宙是简单的. 现在不是了，发生了什么？

天文学家和宇宙学家会告诉你，宇宙在大爆炸的那一刻，并不是复杂的. 宇宙那时到处都很热，到处看上去都一样. 也就是说，宇宙的初态是以规律性、对称性、简单性为特征的. 但是现在仰望星空，你看到的却是不同的结果：行星、恒星、星系、星系团、超星系团. 宇宙变得杂乱而且不再对称. 望向窗外：植物、动物、人、车、楼. 地球上的生命远远不是简单的物体. 为什么宇宙会变得如此复杂？我会用本书中提出的观点来试着回答这个问题.

我们已经用量子信息处理的视角建立了一个描述宇宙运行的框架. 我们已经知道量子计算机可以有效地模拟宇宙，因此从观察者的角度看，宇宙和量子计算机没有区别. 为支撑这个理论，我们有足够的证据来支持宇宙的计算能力：我在电脑上敲下这些文字的过程符合物理学定律，因此物理学定律支持数字化计算. 我不断地买内存和硬盘，就能把我的电脑变成庞大的通用数字计算机. 显然，无论底层的物理定律是什么，它们都允许建造宏观尺度的计算机.

同时，也有强有力的证据表明宇宙支持最微观尺度上的计算. 我的同事们和我就在利用物质和能量实现最小尺度的量子计算：我们能够精确地控制原子、电子、光子的行为. 无论更微观的尺度下什么样的物质和能量形态，只要它们符合量子力学，就可以用来做计算. 在宇宙级的通用计算机(即宇宙本身这个通用计算机)里，每一个原子都是一个比特，每一个光子都在移动它的比特，每当一个电子或者一个原子核把它们的自旋从顺时针变成逆时针时，都反转了一个比特. 除非某天我们知道了能描述所有物理现象(包含引力)的完整的量子理论，否则无法在所有细节上验证宇宙的计算机制，但我们非常希望某一天这个验证会实现.

如果宇宙实际上是一台量子计算机，就能够直接解释我们身边万物的复杂性. 为了理解为什么宇宙的计算能力本质上保证了它当前的复杂性，让我们回到玻尔兹曼和猴子打字员的故事(图 8.1). 回想一下，玻尔兹曼认为宇宙的复杂性来自于随机性，即认为我们身边所见的万物都是来自于统计涨落，与一长串抛硬币的结果没有什么不同. 首先，这是一个很有吸引力的解释：抛无数次硬币，任何有限的正面和背面序列都会发生，包括任何以二进制形成编码的文本和数学公式. 这种随机组合的想法被博尔赫斯写进了他的小说《巴别图书馆》(*The Library of Babel*)中，书中虚构了一个包含所有可能文字组合的图书馆. 猴子打字员敲出《哈姆雷特》是这个版本的复杂性起源的一个变体.

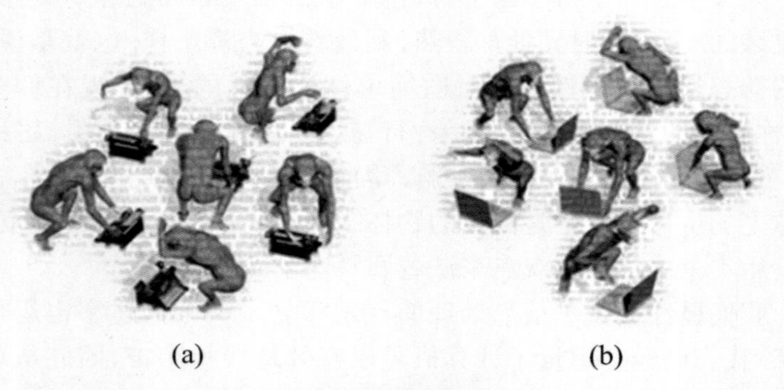

图 8.1　猴子打字

猴子在打字机上打字(图(a))，会打出一些无意义的乱码. 当同样的猴子在电脑前打字时(图(b))，这些无意义的乱码被当成是一种程序，产生复杂结构.

但玻尔兹曼关于复杂性的起源的解释是错误的. 随机抛硬币的结果并不会产生明显的秩序或复杂性，如果复杂性只是随机出现的，那么无论到目前为止揭示了多少秩序或复杂行为，接下来发生的事情都将是随机的. 无论猴子敲出了多长的《哈姆雷特》，它敲出的下一个字母都极有可能出错. 在一个万物都随机产生的宇宙中，我们下一次呼吸可能就是最后一次呼吸了，因为组成我们身体的原子会在下一刻随机排列. (在博尔赫斯的小说中，从书架上拿下的任何一本书都是“乱码”，每一本书的代号都会像书里内容一样长．这个巴别图书馆毫无用处．）

玻尔兹曼后来知道了他关于宇宙的统计涨落解释是错误的，明显没有再进一步研究．但是，玻尔兹曼的想法中还是有真理的雏形．第 3 章里我们讲过，为了给复杂性起源一个更合理的解释，我们想象猴子不是在打字机前而是在计算机前打字，计算机把这些乱码编译成可执行的命令（比如用 Java），那么计算机的输出结果是什么？垃圾代码进，垃圾代码出：大多数情况下，计算机会输出一条“错误”信息．但偶尔会输出一点有趣的结果．猴子能敲出程序的概率随着敲入文字的长度而锐减，但短小的程序会给出一些有趣的输出结果．

20 世纪 60 年代初，计算机科学家提出了一个关于随机输入编程能够产生有趣结果的概率的理论．该理论建立在“算法信息”的基础之上．

8.2 算法信息

算法信息被用来衡量用计算机生成一段文本或者一个比特数组的难易程度．一段文本或者一组比特的算法信息量等于计算机用来生成它时所需要的最少的比特长度．

通过第 2 章我们知道计算机语言给比特数组赋予了含义．用此语言，数组可以被编译为令计算机输出特定结果的指令．然而，为了不同的输出需求，有很多语言可供选择．很多计算机程序都会有大致相同的结果．例如，很多程序都可以给出圆周率的前 100 万位数字，这些程序的长度可以不同．一个简单的程序是“PRINT 3.1415926…”（省略号后面就是剩余的 999992 位数字）．这个程序很直接，但是太长．一个短一些的程序可以通过数学方法计算出这些数字．例如，这个程序可以沿用古希腊的近似方法，用一条条小线段组成多边形逼近圆形．这样一个计算圆周率的程序不会超过几百行．

对任何一个输出来说，实现它所用到最短的程序会相当有趣．对任何一个数来说，“算法信息量”定义为输出这个数所用到的最短的程序所含有的比特长度．最短的程序可以理解为用计算机语言写出的最简洁的程序．

算法信息量在 20 世纪 60 年代早期被来自马萨诸塞州剑桥市

(哈佛和麻省理工所在地)的索洛莫洛夫(Ray Solomonoff)、俄罗斯数学家柯尔莫哥洛夫(Andrei Nikolaevich Kolmogorov),还有纽约城市学院一个18岁的学生蔡廷各自独立发现.他们三人指出算法信息量比数字对应的比特长度(另一种衡量信息量的方法)更能衡量这个数字的信息量,因为算法信息量能给出比特长度无法给出的内在数学性质.

对大部分数字来说,算法信息量与代表这个数的比特长度相近.它不可能比这个数的比特长度**大**很多.例如,01110110101110111011101可以直接用程序"PRINT 01110110101110111011101"实现.对大部分数字来说,算法信息量也不可能比数字的比特长度**小**很多,因为短程序的数量比长数字的数量少很多.例如,我们问10比特的程序可以产生多少个20比特的数.一共有2^{20}(就是1048576)个20比特的数,但是只有1024($=2^{10}$)个可能的10比特的程序.因此,每1024个20比特的数里最多有一个可以用10比特的程序来生成.

那些**能被短程序生成**的数都有一定的数学规律.圆周率就是一个,还有10亿个1的那种数,可以将"PRINT 1"循环10亿次来实现.但是绝大部分数都没有这样显著的数学规律,大部分的数都等效于随机的.

能生成数字的最短程序和所用的计算机语言(如Java、C、Fortran、BASIC)有关.但是它的长度不是特别依赖于使用哪个语言.大部分语言都可以用几百行命令计算出圆周率的前100万位.实际上,生成数字的Fortran程序可以通过翻译程序生成同样数字的Java程序.因此,能生成圆周率前100万位的最短Java程序,不会比生成同样圆周率的最短Fortran程序加上翻译程序还要长.当需要生成的数越来越长时,翻译程序与算法信息量相比,也会相对越来越短.

计算机程序的可翻译性是计算的核心特征之一.一个用Fortran写成的程序总可以被翻译成用Java写成的程序.这种可翻译性是计算的通用本质之一.另一个通用本质是相同的程序,比如微软的Word可以运行在不同的系统架构上.苹果电脑和普通的Windows电脑的线路图不一样,各执行不同的特殊指令.但是两种电脑都可以运行Word.当用苹果电脑运行Word时,程序被翻译(或"编译")为苹果电脑能理解的一系列指令,对Windows电脑来说也是.尽管底层有不同,但在苹果电脑和Windows电脑的Word

文件里写同样的语句，你在键盘上敲的都完全是同样的键. [1]

算法信息是建立在计算机语言的通用性和可翻译性基础上的一个吸引人的构想. 它允许简洁地实现有数学规律的比特数组. 用来生成比特数组的最短程序可以看成是该比特数组的压缩.

现实世界中很多的比特数组都有数学规律，因此可以被压缩. 例如，在英语中，不同的字母具有不同的出现频率：E 出现得最频繁，然后是 T、A、O、N、S、H、R、D、L、U（排字工用的可移动排字机里就把它们排在第一列）. 一个程序如果用短的代码生成 E，长一些的代码生成 Q，就可以把相同英文对应的代码长度压缩到原来的一半.

8.3 算法概率

索洛莫洛夫最早在寻找“奥卡姆剃刀”的数学理论时定义了算法信息. 中世纪的哲学家奥卡姆（Occam）致力于为任何观察到的现象寻求最简单的解释. “如无必要，勿增实体”. 奥卡姆建议我们接收现象的简单解释而不是复杂解释. 奥卡姆嘲弄那些比如在火星上看到有规律的线条就觉得是有火星人存在的人. 用“存在火星人”来解释火星表面上有规律的线条就是“无必要，却增实体”的例子，或者简单点说就是没有必要把事情复杂化. “奥卡姆剃刀”切除了复杂的解释，认为越简单的解释越可靠.

索洛莫洛夫用算法信息量将“奥卡姆剃刀”精确到数学上. 假设给我们一组数据，用比特数组写成. 我们寻找能实现这个数组的机制. 计算就是在寻找能生成这个数组的程序. 在众多的程序中，索洛莫洛夫认为，最短的程序本质上就是对生成该数据的代码的最合理猜测.

能有多合理？在 20 世纪 70 年代，蔡廷和他在 IBM 的同事本内特用猴子来比喻算法信息. 假设一个猴子在计算机前随机地输入一个数组. 计算机用一个适合的语言（如 Java）把这个数组当成程序. 有多大的概率能让计算机输出圆周率的前 100 万位呢？即猴子在电脑前随机用 Java 敲出一个能计算圆周率前 100 位程序的概率. 猴子把第一个比特敲正确的概率是 1/2，把前两个比特都敲

[1] 在 PC 上运行 Word 和在苹果 Mac 系统上运行不完全一样，一个可能会比另一个慢. 一些 Word 的版本在 Macintosh 机上是出了名地慢. 编译是准确的，但并不总是很高效.

正确的概率是 1/4. 猴子敲对前 1000 个比特的概率就是 1/2 的 1000 次方，即$(1/2)^{1000}$，这是一个非常小的数. 显然，程序越长，猴子敲对它的概率就越小.

猴子能随机敲对生成圆周率前 100 万位的程序的概率就称为圆周率的“算法概率”. 既然长的程序相比于短的程序更不容易被敲对，那么算法概率对越短的程序来说就越大. 能生成一个特定数字的最短的程序，就是这个数字如何生成的最合理解释.

从另一个角度看，能用短程序输出的数字比只能用长程序输出的更有可能出现在猴子们敲击电脑输出的结果之中. 很多美丽的有内在数学的图样——有规律的几何形状、分形、量子力学定律、基本粒子、化学定律——都可以用短程序生成. 无论你是否相信，一个猴子有可能敲出我们所见万物的源代码.

算法上可行的东西就是那些有规律、有结构和有秩序的东西. 换句话说，猴子打字员生成的宇宙是混乱的“垃圾”，猴子程序员用电脑生成的宇宙尽管充满混乱，但也有一些有趣的特征. 该宇宙存在能通过简单数学公式和简单计算程序生成的结构. 如果猴子用电脑而不是打字机打字，猴子就会生成一个秩序和随机混乱混合的宇宙，其中复杂系统自然来自于简单的起源，也就是说，猴子生成一个和我们宇宙相似的宇宙. 简单的程序加上大量的信息处理可以产生复杂的输出，这个可以用来解释我们宇宙的复杂性吗？

怎样才能检验这个解释？对这个复杂性的计算解释来说，有两个要素是必要的：一台计算机和一群猴子. 量子力学定律可以扮演计算机的角色. 什么来扮演猴子呢？什么样的物理机制可以将信息输入到我们的宇宙，用随机的比特数组来给它编程呢？我们又一次需要量子力学定律了，它们通过量子涨落不断地给我们的宇宙输入随机的信息. 例如，在早期宇宙中，星系从物质密度比其他地方略大的地方出现. 星系的诞生即来自于量子涨落：当时宇宙的平均密度各个地方都一样，但是量子力学加入了导致星系出现的随机涨落.

量子涨落是无处不在的，而且倾向于在宇宙最敏感的时刻出现. 以生物学为例，你继承了父母双亲的 DNA，但是你的 DNA 精确的序列来自于精卵结合后的基因重组. 哪些来自于母亲的基因和哪些来自于父亲的基因组合在一起，敏感地依赖于重组时的化学环境和温度的涨落，而这些化学环境和温度的涨落来自于量子力学. 量子随机性使你的 DNA 和你兄弟姐妹的 DNA 出现差别. 你和我以及我们之间的不同，都来自于量子随机性. 宇宙本身也是这样. **量子涨落就是给宇宙编程的猴子.**

可计算宇宙出现的随机性正是由于宇宙的初态是各种程序态的叠加态,每个态都给宇宙设置了不同的计算路径,其中某些能导致复杂和有趣的行为. 这个可量子计算的宇宙同时沿着这些路径前进,即量子并行,这些路径对应我们前面提过的退相干历史. 正是由于这些可计算历史发生了退相干,我们才可以在餐桌前讨论它们的哪一条历史成为了现实. 其中一条退相干历史对应我们今天的宇宙.

8.4　什么是复杂性?

可计算宇宙自发地给出各种可能的计算行为,它可以做任何可编程实现的事情. 这些行为中有些是有秩序的,有些是随机的;有些是简单的,有些是复杂的. 但到底什么是复杂性呢?

我在洛克菲勒大学读博士期间差点被退学. 我去洛克菲勒的原因是听说那里支持独立研究工作. 通过考试之后,我开始钻研量子力学系统中信息的角色,以及量子信息处理过程如何与基本的物理过程相联系,包括量子引力. 换句话说,我当时做的方向就是20年之后我现在做的方向. 当时我没有导师. 1986年的某天,纽约科学院的执行主席帕格尔斯和另外两个教授走进了我的办公室. "劳埃德,"他们说,"你必须马上停止你疯狂的想法,去做一个我们看得懂的课题. 如果你不听,就请离开洛克菲勒."

这个声明突如其来. 我知道我的研究游离于物理系通常的课题之外. 大部分研究生都在做弦论,一个很抽象的、通过引入不可见的高维空间试图将量子理论和广义相对论统一起来解释所有物理的理论. 我这辈子都不明白我的研究方向难道比弦论更疯狂?

当时很多人在做弦论,全世界只有屈指可数的几个人在做量子信息. 尽管后来我遇到了这几个人并和他们一起工作,但当时我真不知道他们是谁. 因此,那次会面的结果就是我当场屈服,并同意在接下来的几个月去解决量子场论里两个普通的小问题. 这次令我差点被退学的会面的好处是我随后跟着帕格尔斯一起工作. 他是一个很有魅力的人,喜欢穿着双排扣细条纹的西装和人造革皮靴. 蓬松的银发配着这黑手党般的着装,他就像一个瘦版的高蒂(John Gotti)(美国著名的黑手党甘比诺家族的教父). 他是一个很有野性的物理学家,而且愿意做我的导师.

四个月之后，我解决了当时被要求做的两个问题. 八个月之后，我说服了帕格尔斯去试着从量子信息处理的角度重新研究黑洞蒸发，这不是个坏主意. 一年之后，他带我去曼哈顿的东村街区拜访他的老友们. 他这些老友大部分都是搞行为艺术的. 他向我介绍了他的妻子伊莱娜(Elaine)，也是《诺斯底福音》(*The Gnostic Gospels*)的作者. 这本书完全改变了我对宗教的社会本质的看法. 当时我觉得自己最后可能去开出租车，就像很多没找到工作的博士生一样. 但是现在至少我在这条道路上找到了乐趣.

我们在学术关系上的转折点发生在某一天帕格尔斯走进我的办公室，并说："好，赛斯，我们怎么测量复杂性？"

"没法测，"我回答说，"事物就是因为没法量化才复杂."

"胡扯，"帕格尔斯说，"让我们试试."

如何测量复杂性就如同如何测量物理一样. 物理定律中有很多可以测量的量(如能量、距离、温度、压力、电荷)，但是"物理"本身不是一个可测量的量. 同样，在确定复杂性定律时，我们应该期望有很多可测量的量组成复杂系统. 我花了几个月的时间来调研各种定义复杂性的方法. 我研究的第一个概念是计算复杂性. 计算复杂性等于计算过程中必须要用到的基本逻辑操作的数量. (一个相关的概念是空间计算复杂性，等于计算过程中用到的比特数.) 计算复杂性更像是付出努力的程度而不是复杂程度，或者是完成一个任务需要用到的资源的度量. 大量的计算耗费了很长时间并且占用了很多空间，却没有给出很复杂的结果. 我们随后就会讲到，计算复杂性是复杂性良好定义的一个重要部分——但它自己并不是一个好的定义.

算法信息是另一个衡量复杂性的思路. 实际上，蔡廷最开始就叫它"算法复杂性". 但是包含大算法信息量的比特数组看起来并不复杂，而是随机的. 其实算法信息还被称作算法随机性. 另外，大算法信息量的比特数组容易产生：直接反转一个硬币 100 次，得到的比特数组接近于可能最大算法信息量. 帕格尔斯和我认为复杂的东西是难以理解、有一定结构且难以生成的. 拥有大算法信息量的东西需要用很多比特来描述，但是拥有大算法信息量的大部分比特数组是没有结构的，而且是容易生成的.

随着研究的深入，我发现复杂性具有越来越多的定义，但是每一个定义都需要用到信息处理难度或信息数量. 几年之后，我在圣塔菲研究所主办的会议上做了一个关于各种测量复杂性方法的报告. 圣塔菲研究所由科旺(George Cowan)和盖尔曼联合一些资深科学家在20世纪80年代中期创建，比邻洛斯阿拉莫斯(Los Alamos)实验室，主要为研究复杂系统的起源和背后的规律. 我的报告题目为《31种测量复杂性的方法》(*Thirty-one Measures of Complexity*). 之所以用31，是因为芭斯罗缤卖的冰淇淋一共有31种口味. 尽管我并没有用这个题目发表过论文，但我的报告内容还是在互联网上流传起来，多年以来它是别人最想从我这里获取的论文，尽管根本没有这篇论文的存在. (几年前，我还是以文章的形式发表了一个清单[①]，这样我就不需要回复那些想从我这里索取这篇并不存在的论文的电子邮件了.) 在做这个报告之后、列出这个清单之前的这段时间里，测量复杂性的方法从31种增加到了42种. (最新的清单已由霍根(John Horgan)总结出来. 在他的《科学的终结》(*The End of Science*)里提到：复杂系统的科学已经破产了，因为研究者们甚至无法就什么是复杂性达成一致，也就难以得到重要的研究成果.)

在那个清单里，我把复杂性的测量分为四类：第一类，测量描述一个东西的难易程度(如算法信息)；第二类，测量做一件事的难易程度(如计算复杂性)；第三类，测量一个系统的有序组织程度；第四类，复杂性的非定量观点(如"自组织"系统或者复杂适应系统). 42种方法里，我觉得最有意思的是用一个指标衡量描述一个东西的难易程度、做一件事的难易程度、以及组织程度三者的方法. 接下来我讲的就是这一类方法.

物理定律描述了可测量物理量之间的关系和此消彼长，复杂性定律也同样如此. 其中，信息与工作量之间的此消彼长非常有用. 算法信息是一种衡量信息量的方法，计算复杂性是一种衡量工作量的方法. 设想产生一个特定比特数组需要的工作量，如圆周率的前100万位. 这些数字可以用百万比特以上的程序，即程序"PRINT 3.1415926…"，在计算复杂度相对较低的情况下产生. (几百万个逻辑运算，对一台普通计算机来说用不到一秒.) 尽管我们不知道圆周率前100万位的准确算法信息(回想一下，因为算法信息不可计算)，但仍然可以找到一个生成圆周率前100万位数字的短程序的算法信息上限. 例如，一个用连分数表示的数学方法的程序可以用不到1000个数位获得这个结果，但是短程序需要生成圆周率前100万位数字所用的时间比简单但庞大的PRINT程序

---

① Lloyd S. Measures of Complexity: A Nonexhaustive List[J]. IEEE Control Systems Magazine, 2001, 21(4): 7-8.

要长很多，它需要用到几十亿个逻辑运算来生成这100万位数字.

20世纪80年代早期，本内特提出了复杂性的一个简单定义，其中就用到了信息和工作量之间的此消彼长. 跟随索洛莫洛夫的研究，本内特定义了一个比特数组或数据集的最合理解释是生成它们的最短程序.（如果有几个程序和最短的程序差不多长，本内特也会把它们作为最合理解释.）然后，本内特研究这些短程序的计算复杂性. 他称这个量——用最合理解释生成一个比特数组所付出的工作量——为"逻辑深度".

在帕格尔斯和我调研的所有测量复杂性的方法里，"逻辑深度"最有吸引力. 很简单的比特数组，如10亿个1的数组，可以用非常短的快速运行的程序来合理地实现（如"PRINT 1 ONE BILLION TIMES"），逻辑深度就很浅. 随机比特数组（如11010101100010…011，我用抛硬币生成的比特数组，正面为1，背面为0）可以通过很长的快速运行的程序来实现（如"PRINT 11010101100010…011"），逻辑深度也很浅. 相比之下，圆周率前100万位对应的数组需要最短的程序花很长时间才能生成，逻辑深度就很深. 逻辑深度深的比特数组拥有很多的结构，即需要花很长时间从最短的程序中计算出来的结构.

帕格尔斯和我很欣赏本内特关于复杂性的想法. 帕格尔斯仅仅抱怨这个模型物理上还不够完善."逻辑深度"涉及比特数组、计算机程序和逻辑操作. 他想要一个物理系统的复杂性度量方法——用能量和熵. 于是，他和我提出了一个逻辑深度的物理类比，为强调和本内特工作的联系，我们称之为"热力学深度". 就像比特数组有类似的性质一样，热力学深度是物理系统的性质. 帕格尔斯和我不再定义生成一个比特数组用到的最短程序的最合理方法，而是直接看产生一个物理系统的最合理方法. 最终，我们不再关注计算复杂性——生成一个比特数组用到的逻辑操作数量，而是关注生成一个物理系统（如原子或大象）用到的物理资源.

帕格尔斯和我想到的最重要的物理资源是熵. 回忆一下，熵也用比特来衡量. 熵由随机的、未知的比特组成. 熵的反面叫作"负熵". 负熵由已知的、有结构的比特组成. 一个系统的负熵代表这个系统离熵的极大值有多远. 一个活着的不停呼吸的人就有许多负熵，反之，一团温度均匀的氦气就不含有负熵. 你可以把熵当成随机的、无用的比特，把负熵当成有秩序的、有用的比特. 一个系统的热力学深度等于建立这个系统所需要的有用的比特数.

由于直接是逻辑深度的类比，热力学深度具有逻辑深度所具有的很多优点. 容易建立的简单有序系统(如食盐晶体)热力学深度很浅. 一个完全随机的系统(如氦原子气体)通过加热这种直接的随机过程产生,它的热力学深度也很浅. 相比之下,复杂的、结构化的系统(如生命体)需要大量有用的比特持续几十亿年来不断地组合,它们的热力学深度就很深.

当用在比特数组(例如用在随机编程的量子计算机生成)上时,热力学深度就和逻辑深度更接近了. 生成比特数组最合理的方式就是用最短的程序. 比特数组的热力学深度就是量子计算机生成该数组所用到的内存空间大小;也就是说,热力学深度是最短程序的空间计算复杂性.

在可计算宇宙里,每个物理系统都实际对应一个量子比特数组,它的行为也由随机的量子涨落编程. 热力学深度和逻辑深度是互补的且紧密联系的两个量. 为了明确热力学深度和逻辑深度之间的类比,我们需要找到基本逻辑操作的物理类比. 在之前的章节里我们定义过这个类比:量子波每振动一次,便完成一次逻辑操作. 为了给建立一个比特数组用到的逻辑操作数做一个物理类比,我们只需要数一下建立一个物理系统用到的波的振动次数.

回想前面的一章,振动次数正比于物理上的作用量. 作用量就是振动次数乘上普朗克常数. 作用量除以普朗克常数就是逻辑操作的一个很好的物理类比,尤其对计算复杂性而言. 估计建立一个物理系统的难度,只需要看将其组合起来的作用量("作用量就出现在发生作用的地方").

前一章的结果使得我们可以整体地估算宇宙的逻辑深度和热力学深度,从而给出宇宙万物深度的上限. 全宇宙总的计算工作量是作用在 10^{92} 比特(热力学深度)上的 10^{122} 个逻辑操作(逻辑深度).

8.5 有效复杂性

逻辑深度和热力学深度不是衡量复杂性的仅有方式,有很多其他等价的甚至更有用的衡量方式,它取决于你想要描述复杂系统的哪一个方面. 其中一种衡量方法就是"有效复杂性",即测量系统的规则性,这个方法最早由盖尔曼提出. 在过去的 10 年里,盖尔曼和我致力于研究数学上精确的有效复杂性.

有效复杂性是一个简洁优雅地测量复杂性的方法. 每一个物理系统都有它自己的信息量——在量子力学允许的精度上描述物

理系统状态的信息总量. 测量一个东西的有效复杂性的基本方法是把它的信息量分成两部分：描述规则部分的信息和描述随机部分的信息. **描述一个系统规则部分的信息总量就是它的有效复杂性.**

在工程系统中，比如一架飞机的有效复杂性等于这个系统的设计蓝图：把这个系统拼装起来需要的信息量. 在一架飞机中，蓝图包含机翼的形状、合金材料的化学成分和制造流程等. 机翼的形状和机身合金成分等就是设计的**规则部分**；如果飞机要飞行，指定这些特征的比特必须取特定的值. 这些比特就是飞机的有效复杂性. 但是设计蓝图并不包括机翼上每个原子的位置，每个原子不同时间所在的不同位置对应的比特是随机的；它们对飞机的适飞性没什么影响，因此也就和飞机的有效复杂性无关.

从飞机的这个例子可以看出，复杂性是工程制造中很重要的一个方面. 我们如何才能制造一个稳健且经得起风浪的复杂系统？我们教给麻省理工学院这些大学生一个窍门，它的缩写是 KISS，即保持简单、直接(Keep It Simple，Stupid!). 但是如果你要建造的系统本身就很复杂呢？比如造飞机. 麻省理工学院有一个部门，叫作工程系统部门，它汇集了来自于工程、硬科学和社会科学的研究人员，以确定和解决复杂工程系统的问题. 一个建造工程复杂系统的很有前景的技术称为公理化设计，由麻省理工学院机械工程系的前系主任南苏(Nam Suh)提出. 公理化设计的思路就是，在满足工程需求的前提下，最小化工程系统的信息含量. 其应用结果就是把飞机、软件、面包机等的复杂程度做到不多不少刚刚够实现其设计的目标. 在保持系统有效性的基础上，把制造出的系统的有效复杂性压缩到最小. 保持简单、直接，但不能过于简单.

要决定一个物理系统的有效复杂性，显然需要了解该系统哪部分是规则的，哪部分不是. 也就是说，你必须建立一个标准来衡量一个比特是否是“重要的”，属于规则的比特；还是“不重要的”，属于随机的比特. 在工程系统中，重要的比特就是那些缺了它们系统就玩不转的比特. 在生物进化系统中，如细菌，哪些比特重要，哪些比特不重要并不是显而易见的. 评判一个比特是否重要并对有效复杂性是否有贡献的一个简单标准，是看反转这个比特之后的结果. 如果反转这个比特导致很显著的效果，那么它就重要的. 反之，如果反转这个比特没有得到显著的效果，那么它就是不重要的. 如果这个比特影响了细菌的生存和繁殖能力，那么这个比特对细菌的有效复杂性有贡献. 一个细菌的重要比特就是那些显著影响细菌未来的比特,任何系统的有效复杂性都可以这样来简单衡量. 任何影响系统目的功能的比特都对这个系统的有效复杂性有贡献.

当然,定义一个系统的目的行为有点主观色彩. 不过设想我们关注系统的以下行为:获得能量和用这些能量复制自己. 生命系统终其一生主要就是在做吃和繁殖两件事,不管一个人如何定义生命体,任何能完成这两件事的系统都在成为生命体的路上走了很久. 当我们知道以上的两个"目的行为"能够增强系统获得能量和繁殖的能力的时候,我们就可以测量所有生命系统和未来有可能出现的生命系统的有效复杂性. 我们将会发现那些获得能量并繁殖的有效复杂的系统会自然而然地从宇宙的计算行为中产生.

8.6 为什么宇宙是复杂的?

既然已经正式定义了复杂性,我们就可以证明宇宙必然会产生复杂性. 物理定律在计算上是通用的,使宇宙能够包含逻辑深度很深的系统和有效复杂性很高的系统. 但是我们也能证明宇宙**必然**包含这样的复杂系统. 让我们具体看一下第一次信息处理革命——宇宙的创生.

在衡量宇宙的复杂性时,我们会用到目前的标准宇宙学模型. 在这个模型中,宇宙的物质总量不足以减慢并逆转膨胀,导致宇宙在一场大收缩中终结. 因此,宇宙将会永远膨胀下去. 这个宇宙在空间上是无限的,即使在一开始的瞬间. 不过,我们感兴趣的是宇宙执行的计算——宇宙有因果关联的部分,即视界以内部分由可相互交流的比特组成. 除非我们特指视界以外,否则我们提到宇宙都是指视界以内的宇宙.

第一次信息处理革命伴随着宇宙的创生而开始. 在宇宙创生之前,什么都没有——没有空间,没有时间,没有能量,没有比特. 在创生的那一时间点上,什么都未发生,猴子们还没有开始打字.

观测证据表明宇宙的初始状态很简单. 据我们所知,它可能只有一个初态,这个态在空间上到处都一样. 如果只有一个可能的初态,那么宇宙的初始信息为 0 比特. 它的逻辑深度、热力学深度和有效复杂度也均为 0.

然后宇宙就开始计算了. 一个普朗克时间(10^{-44}秒)过后,宇宙在视界内含有一个比特. 一个普朗克时间内能加在这个比特上的计算也只有一次逻辑操作;也就是说,那一刻的宇宙所有的有效复杂性和热力学深度不超过一个比特,逻辑深度也不超过一个操作.猴子们敲进了一个比特.

随着宇宙膨胀,视界内的比特数不断增加,操作数也不断累积.最大逻辑深度被操作次数限制,有效复杂性和热力学深度被比特数限制.尽管宇宙的复杂性在增加,但它还是相对非常简单的.但是猴子们还在一直敲打.

在这段时间里,宇宙在计算什么呢? 和通常一样,它在计算它自己的行为.宇宙在计算自己.如果对量子引力知道得更多一些,我们就能够用人造的简单量子计算机重复宇宙最初的这几步.实际上,前面提过的量子引力的计算理论给出了宇宙在计算什么的直观图像.在这个图像中,宇宙同时在进行所有可能的计算.

回想一下,量子计算机可以利用量子并行同时做很多计算.几乎所有的输入比特都是0和1的叠加态.0只有一个态,1也只有一个态,但是在0和1之间有无限个由0和1组成的叠加态.结果就是,几乎所有的单量子比特输入都告诉量子计算机同时做两件事.

相似地,几乎所有的双量子比特输入态都是00、01、10、11的叠加态.如果输入这四个的每一个都让计算机做特定的计算,那么几乎所有的双量子比特输入都会让量子计算机通过量子并行同时做这四个计算.就这样,随着输入的量子比特的增加,宇宙量子计算机继续进行所有可能的计算.

尽管早期宇宙十分简单,有效复杂性和逻辑深度都很低,但它有一个光明的未来.早期宇宙就是本内特所说的"雄心勃勃"的系统:尽管初期不复杂,但它本质上能够随着时间推移产生大量的复杂性.

在早期宇宙中,量子猴子敲入的是所有可能输入的叠加态.可计算宇宙解释了这些输入就是让量子并行中所有可能的计算进行的指令(所有可能的算法结构的叠加态有时被称为多重宇宙).这些量子的并行计算其中之一生成了我们身边世界的复杂性.猴子总是在输入,短程序生成的结构比长程序生成的结构更容易出现.

宇宙在计算,比特在反转.这些比特是什么? 早期宇宙的比特就是局域能量密度的大小.例如,0表示低于平均能量密度,1表示高于平均能量密度.由于初态的简单性和平均性,平均能量密度到处都一样,但是有量子涨落的存在.宇宙的量子比特就是低能量密度和高能量密度的叠加态.从能量角度看,宇宙的自然动力学创造了能量密度具有不同取值的叠加态的所在区域.

随着宇宙的诞生，它的量子比特开始反转和相互作用. 也就是说，随着猴子开始输入程序建立量子叠加态，物理定律开始解释程序. 回想一下，信息一旦被创造，就倾向于扩散. 信息有传染性. 因为量子比特与周围量子比特的相互作用很敏感，所以量子信息更具传染性. 之前提到过，量子信息的扩散导致退相干，即不同历史路径的分割.

取一个处于 0 和 1 叠加态的量子比特. 量子比特根据量子力学定律同时携带 0 和 1. 现在让这个量子比特和另一个处于 0 的量子比特相互作用，即以第一个量子比特为控制比特对第二个量子比特做一个受控非操作. 两个量子比特一起处于 00 和 11 的叠加态：第一个量子比特的量子信息传染给了第二个量子比特. 相互作用的结果就是，第一个量子比特只能取要么是 0，要么是 1，而不再是 0 和 1 的叠加态. 相互作用使第一个量子比特发生了退相干.

随着量子比特之间发生越来越多的相互作用，一开始局限在单独量子比特里的量子信息向其他的量子比特扩散. 随着共享信息的量子比特越来越多，量子比特也在不断退相干. 随着它们退相干（一个历史不再影响另一个历史），宇宙的特定区域不再是高能量密度和低能量密度的叠加态了，而是要么具有高能量密度，要么具有低能量密度. 用退相干历史的语言来说，我们可以开始在饭桌上谈论宇宙的能量密度了.

可计算宇宙的下一步十分关键. 回想一下，引力和能量有关. 能量密度高的地方，时空的结构会弯曲得大一点. 随着能量密度的涨落发生退相干，引力也随着量子比特的能量涨落并开始在叠加态取值为“1”（能量密度高于平均水平）的地方聚集物质.

在量子引力的可计算宇宙模型中，物质聚集很自然地发生：底层量子计算的内容决定了时空的结构，包括它的弯曲程度. 于是，叠加态取 1 的部分自然比取 0 的部分的时空弯曲程度更高. 当量子比特退相干之后，就变成要么 0 要么 1，而不再是叠加态；时空弯曲程度要么高（1 的部分）要么低（0 的部分），也已不再是叠加态. 在可计算宇宙中，当量子比特退相干并表现出经典特性时，引力的行为也变得经典.

其他的量力引力理论中有着不同的退相干机制，即认为引力相互作用本身使量子比特发生了退相干. 无论你选择哪种量子引力理论，它们对宇宙早期图像的描述都看起来差不多. 比特被创造并开始反转，引力通过在那些 1 周围聚集物质，响应这些比特反转. 量子比特不断地退相干，随机的大量 0 和 1 序列被置于宇宙之中.计算在不断地运行.

为了产生我们居住的地球,引力需要聚集足够的物质来产生复杂性.随着物质聚集在一起,物质包含的能量开始变得可用;我们维持生命而消耗的能量,追根到底是来自于引力聚集物质形成了恒星并让其发光.早期宇宙的引力聚集就是星系和星系团大尺度结构的成因.

在最初的信息处理革命之后,跟随着一系列后来的革命:生命、有性繁殖、大脑、语言、数字、写作、打印、计算机以及未来的种种.每一次后续信息处理革命都来自于前一次革命的计算机器.从复杂性的角度分析,每一次革命实际上都继承了前一次革命的所有逻辑深度和热力学深度.例如,有性繁殖基于生命,深度高于或等于生命.深度在不断累积.

有效复杂性相比而言并不需要累积:子女不需要比父母更复杂.在设计流程中,不断重新设计而去除无用的特征可以使设计的有效复杂性变小,但是变得更有效率.除了被优化掉,有效复杂性也可能会突然消失.有机体的有效复杂性至少和它们基因包含的信息量一样多.当物种灭绝时,它们的有效复杂性就丢失了.

地球上的生命起源于有效复杂性很低的状态,但产生了我们身边丰富多彩的有效复杂性.宇宙的计算能力意味着逻辑深度和热力学深度在自发的进化.可计算宇宙会自发地增加有效复杂性吗?当然,看看周围,我们就知道有大量的有效复杂性存在.但有效复杂性必须要增加吗?或者说会不会突然减少?人类社会的有效复杂性看起来能够突然减少,例如发生一次全球的核战争,在几十亿年之后,太阳燃烧殆尽,生命和地球就走到了终点.

有效复杂性怎样、为什么、什么时候增加在复杂性科学中是开放问题.我们可以通过观察产生有效复杂性的机制找到一些合理的答案.例如,我们把"目的行为"定义为允许系统获得能量和繁殖,生命系统的有效复杂性可以定义为影响系统消耗能量和繁殖能力的信息比特数.如果再增加一条,让繁殖发生变异,我们就可以观察到有效复杂性随时间变化的方式.

任何系统,例如有性繁殖,消耗能量并产生繁殖变化的,都能增加额外的有效复杂性,同时减少已有的有效复杂性.繁殖过程中出现的各种各样的复制品,有一些会更好地消耗能量和繁殖,它们就会逐渐主导整个种群.其中有一些的有效复杂性比原来的系统高,有一些比原来的系统低.有效复杂性比原来高的系统,会导致后代系统的有效复杂性增加.相反,有效复杂性比原来低的系统,会导致后代系统的有效复杂性降低. 在一个具有许多繁殖变体的多样环境中,我们期望一些种群的有效复杂性增加,另一些的有效复杂性降低.

任何生命系统都消耗能量和变异繁殖,但是这样繁殖的系统却不一定是生命. 在宇宙诞生的时候,被称为暴涨的宇宙学用极快的速度产生了新的空间和新的自由能. 此时,空间体积变为原来两倍所用的时间却远远小于一秒. 空间自己在繁殖. 变化性由量子涨落(那些打字的猴子)给出:随着空间的自我繁殖,每一个新生的空间和它的母空间有所区别. 物质在能量密度大的地方聚集在一起,相比于其他能量密度小的地方,这些地方获得了更多的自由能. 几十亿年之后,高密度区域出现了我们的地球. 又过了几十亿年,地球上某个地方演化出了我们.

8.7 生命起源

生物学家知道很多关于生命系统如何运行的知识,但有讽刺意味地说,他们对生命起源却没有宇宙学家对宇宙起源知道得多. 相比生命起源的时间和地点,宇宙大爆炸的时间和地点(全空间)被研究得更为准确,更不用说过程中的细节了. 我们唯一知道的就是地球最早的生命大概在 40 亿年前出现. 它也许起源于这里(地球),也许从别的地方起源后被带到这里.

生命如何起源? 这个问题的答案还处于热烈的争论之中. 我们先介绍一个观点.

我们知道物理定律允许在原子、电子、光子和其他基本粒子的尺度上进行计算. 由于计算的通用性,大尺度的系统也具有计算的通用性. 你、我和我们的计算机能够进行相同的基本计算. 计算也能在比原子尺度大一点点的尺度上发生. 原子能够组合成分子. 化学就是描述原子如何组合、重组和分解的科学. 简单的化学系统同样可以进行计算.

化学如何计算呢? 想象一个容器,比如石头上的一个小洞充满了多种化学成分. 在化学计算的开始,一些化合物的浓度很高,你可以把这些化学成分当成比特 1;另一些化学成分浓度很低,可当成 0. 浓度高或低的界限具体在哪儿对我们来说不是很重要.

化学成分之间相互作用. 一些从高浓度开始减少,这些化合物对应的比特从 1 变成 0;一些浓度从低到高,它们的比特从 0 变为

1. 随着化学反应的进行，一些比特发生了反转，其余的保持不变.

听上去很有前景. 毕竟计算不外乎就是系统地进行比特反转. 为了说明化学反应可以实现通用计算，我们要做得就是说明它如何实现“与”“非”“复制”等逻辑操作.

让我们从“复制”开始. 假设化学成分 A 增强了化学成分 B 的产出，即没有很高浓度的 A，B 的含量就一直很少. 如果 A 和 B 的浓度都很低，则两者的浓度会始终低. 如果 A 和 B 对应的比特初值是 0，那么它们的值始终都是 0，即 00→00. 如果一开始 A 的浓度高而 B 的浓度低，则化学反应的结果就是 A 和 B 的浓度都高. 也就是说，A 一开始对应的比特是 1，B 一开始对应的比特是 0，结果就是比特都变成 1，即 10→11. 化学反应实现了“复制”操作. B 对应的比特复制了 A 对应的比特. 在这个过程中，A 决定了 B 是否产生，但是 A 并不在反应中被消耗；从化学角度讲，A 称为产物 B 的催化剂.

“非”也遵循这个模式. 假设反应中高浓度的 A 会抑制 B 的产生而不是增加 B. 在这种情况下，化学反应使得 B 的比特始终和 A 的相反；也就是说，B 的比特是 A 的比特的“非”逻辑.

“与”呢？假设化学成分 C 只有在 A 和 B 都是高浓度时，才会从低浓度变成高浓度. 化学反应从低浓度 C 开始(初始比特是 0)，只有当 A 和 B 都是高浓度时，C 才会变为高浓度(即只有 A 和 B 的比特都是 1). 反应完成后，C 的比特就是 A 和 B 的比特的“与”逻辑.

化学反应可以很容易产生“与”“非”“复制”等逻辑操作. 增加更多的化学成分，这些逻辑操作可以组合成任何需要的逻辑电路对应的一系列化学反应. 因此，化学反应在计算上是通用的.

总的来说，对于石头上小洞里的化学成分，一些是最初几个反应的催化剂，而一些反应产物将是后面反应的催化剂. 这个过程称为“自催化反应组”：每个反应都产生组内其他反应需要的催化剂. 自催化反应组是强大的系统，除了计算，它们还可以产生很多种化学成分. 从效果上来说，自催化反应组就像一个微小的、由计算机控制的化工厂. 这些化学成分中的一部分是生命的组成部分.

生命是起源于自催化反应组吗？也许. 直到弄清楚自催化反应组开始产生细胞和基因的线路图和程序时，我们才会得到确切的答案. 自催化反应组的计算通用性告诉我们这样的程序是存在的，但是没有告诉我们这样的程序是否容易被找到.

8.8 多世界再现

在物理学家多伊奇 1997 年出版的《实在性的结构》(*The Fabric of Reality*)中，他利用量子计算雄辩地捍卫了量子力学的多世界诠释. 在详细说明之前，让我们大概了解一下多伊奇和博尔赫斯认为存在的其他世界.

我们身边的宇宙只对应一个退相干历史. 也就是说，我们看见的窗外万物只是构成宇宙总的量子态的叠加态的一个部分. 叠加态的其他部分就对应"其他世界"，即量子骰子得到其他结果的世界. 所有可能的世界组成了多宇宙. 我把是否认为其他世界像我们的世界一样真实存在的选择权留给读者. 不管它们是否存在，只要经历了退相干，这些世界就不会对我们的世界产生影响.

记住我们的历史是有效复杂的. 就像退相干之后的其他历史一样，我们的历史是很多很多次掷量子骰子的结果(精确点，大约 10^{92} 次). 无论如何，宇宙总的量子态还是简单的：宇宙起源于一个简单的态，依据简单的定律演化.

我们这个仅仅是宇宙总态的一小部分的历史，如何能比总态更具有有效复杂性呢？这里没任何矛盾，比如包含所有 10 亿比特的数字的集合容易描述，但是要描述其中任何一个数字都需要 10 亿比特. 多宇宙的态也符合这个原理. 叠加态的任何一个组成部分都需要用 10^{92} 比特来描述，但描述整个叠加态只需要少数几个比特. 在可计算宇宙的例子中，总的态是简单的：多宇宙用量子并行实现着所有可能的计算. 但是指定其中任何一个计算，需要调用与该计算程序对应的比特. 一个给定的计算可能需要很多比特来指定.

随着多宇宙在做计算，每一个可能的计算都以所有态上的量子并行的形式出现. 任何给定计算的概率都等于猴子敲出程序的概率. 根据邱奇-图灵假说，任何可能的数学结构都是用叠加态的某个组成部分来表示的. 其中一个数学结构就是我们身边看到的结构，即我们看到的每个细节，包括物理、化学和生物学定律. 在叠加态的其他组成部分中，细节会不一样. 在一些组成部分中，所有东西都一样，仅仅是我的蓝眼睛变成了棕眼睛. 在一些组成部分中，甚至粒子物理标准模型的一些参数，比如夸克的质量会和叠加态中其他组成部分里的不一样.

还有产生所有可能数学结构的第二种方法.目前的观测证据支持宇宙在空间上是无限的:视界之外永远在扩张.如果真是这样,那么在某处某时,就会产生所有可能的数学结构.这些结构可以存在于我们这个叠加态的分支当中;未来的某个节点,它们就会进入我们的视界并影响我们.在外面的某处会出现与你和我一模一样的复制品,在外面的另一处会出现和我们相似但不完全一样的复制品:我的眼睛是棕色的,不是蓝色的.未来的某个时间点,这些遥远的复制品的信息会进入我们的视界.但在这之前,恒星早已燃尽.玻尔兹曼也许会说,如果你有兴趣和其他世界通信,就不要屏住呼吸.

相对地,如果你有兴趣与其他行星上的生命通信,你也许会走运.因为我们知道物理定律支持计算(我们有计算机),我们知道它们也支持生命(我们就是活的).但是我们不知道别的行星上自发出现生命的概率,也不知道一个行星上出现生命之后,繁殖到另一个星球的概率.和其他行星上生命体通信的机会就取决于这些东西.某一天,我们也许会对生命起源知道得足够多并且可以计算它们,但在这之前你需要问自己:"我有这么好的运气吗?"

8.9 未来

宇宙中的计算能持续多久?目前的观测证据指出宇宙会永远膨胀下去.随着它的膨胀,视界内逻辑操作的数量和可利用的比特数量会持续增长.熵会始终增加,但是由于宇宙不断变大,达到热平衡所需要的时间会越来越长,熵的增加比最大可能熵的增加速度要慢.结果就是,可消耗的自由能随着视界的增加而增加.

目前为止,这消息看起来不错.但问题是当自由能的总量随着视界的扩大而增加时,自由能的密度——每立方米里的自由能——在不断减少.也就是说,能量越来越多,但是越来越难以获取.几万亿年之后,所有恒星都会燃尽它的核燃料.那时我们的后代(如果还存在的话)可以通过收集物质来把它们转化成可用的能量,这是加州理工学院的弗拉特希(Steven Frautschi)详细分析过的策略[①].通过 $E=mc^2$ 可以计算最大可提取的自由能,其中 m 是收

① Frautschi S. Entropy in an Expanding Universe[J]. Science,1982,217(4560):593-599.

集的物质的总质量(当然,其中一部分能量会因为低效的提取而浪费掉).

随着拓荒到越来越远的地方,我们的后代会收集越来越多的物质并提取能量.这些能量的一部分会不可逆转地在转换时被浪费掉.一些宇宙学模型允许连续地收集能量直到无限,另一些则不能.[①]普林斯顿高等研究院的戴森(Freeman Dyson)就提出过一个节约的、利用有限能量实现永生的策略[②].毕竟,可实现的逻辑操作的总数与可利用的能量乘上可利用的时间成正比.如果时间永恒,有限的能量就足够实现无限的计算了.不幸的是,每次操作都会因为错误或效率不足而浪费掉一些能量,最终能量会被用光.戴森指出尽管储存的能量在不断减少,但生命仍然会持续到它想停下脚步的时候.

假设这个未来生命形式每次执行一个逻辑操作时,用来执行它的所有能量都被耗光,这是最坏的情况.下一次执行逻辑操作时,可利用的能量就更少了.这还算可以——下一次逻辑操作可以实现得慢一点,用更少的能量.可利用能量逐渐地减少,但是减少的速度越来越慢.相似地,实现每次逻辑操作的时间也会越来越长.只要逻辑操作越来越慢,你就可以用有限的能量在无限的时间里实现无限次操作.

存储空间呢?随着可利用能量的递减,一定体积内总的可利用存储空间也在减少.因此为了保持可利用存储空间的增长,我们永生的生命形式必须把能量扩散到越来越大的体积.换句话说,如果你想永生,就必须变慢并变胖(许多人已经在采用这个策略了).

变慢变胖的最大潜在问题就是浪费.你必须用某种方法扔掉用过的能量.幸运的是,变慢和变胖对此有利:变得越慢,你需要消耗的能量越少;变得越大,你用来消耗能量的表面积越大.但你需要十分小心地扩张你的体积,保持你的每个比特的平均能量(就是你的温度)始终在宇宙的环境温度之上.如果宇宙有个本质上的最低温度,就像很多宇宙学观测指出的那样,你就要倒霉了.总有一

---

① 关于未来生命的悲观论调,见:"The Fate of Life in the Universe", by Lawrence Krauss and Glen Starkman, Scientific American 281 (November 1999).该文的作者引用了证明宇宙加速膨胀的最近观测结果.如果持续这个加速度,最终视界内可用的能量将趋于零.关于未来生命的乐观论调,见:"The Ultimate Fate of Life in an Accelerating Universe", by Katherine Freese and William H. Kinney (http://arXiv.org/astro-ph/0205279).该文作者预测宇宙的膨胀速度会减慢,使得视界内可用的能量会越来越多.

② Dyson F J. Time without End: Physics and Biology in an Open Universe[J]. Reviews of Modern Physics,2008,51(3):447-460.

天，你会被宇宙背景辐射所淹没. 然而，如果宇宙的温度持续以足够快的速度下降，如同另一些宇宙学观测指出的那样，你就会变冷：你可以持续地处理信息并增加你的存储空间.

假设它存在，那么这个终极生命形式看起来是什么样呢？它会扩张得先比恒星大，再比星系大，然后比星系团大. 最终，它会花几十亿年才能产生一次思考. 很吸引人？取决于你的品味. 如果你想永生，那你必须要做一点小的牺牲.

8.10 作为人类

我们回顾了炎热的过往，也展望了模糊而遥远的未来. 为了给复杂性的讨论做一个结论，让我们回到现在. 可计算宇宙中人类的角色是什么？在基础水平上，宇宙天生的信息处理能力给出了信息处理的所有可能形式. 大爆炸以后，宇宙不同的部分或早或晚地进行着所有可能的信息处理方式. 通过量子随机的偶然性，宇宙的某些部分能够自我繁殖，这个随机导致了生命的出现. 生命通过处理基因信息来进化，从而改变生存和繁殖策略. 尝试过几十亿次策略之后，一些生命系统最终出现了性别，这项技术大大提高了探索新的进化策略和算法的速度，因为它加快了基因信息处理的速度. 性别出现几十亿年之后，生命体进化出了各种获得和处理信息的方法——眼睛、耳朵、大脑等等.

在过去 10 万年中的某个时间，人类出现了语言. 与周围动物相比，人类语言看起来肯定是很奇特的创新. 但是随着表达任意复杂的概念成为可能，人类语言允许我们用高度分布式的方式处理信息. 人类信息处理的发散性使得我们可以用新的方式合作，如组成团队、协会、社会、公司等. 随着民主、共产主义、资本主义、宗教和科学等各种发散式信息处理形式获得生命、传播，以及随着时间不断地演化，其中一些新的合作形式被证明是有成效的.

分享信息过程的丰富性和复杂性把我们带到了这个时代. 伴随着社会发展，人类语言的发明成为一次根本上改变地球面貌的真实的信息处理革命. 关于人脑是否是让我们从动物中分离出来的原因还存在争论. 我们人类非常依赖于我们的大脑. 没有大脑，我们就不会有思想或知觉（对其他有大脑的动物来说也一样）. 语言使得我们把大脑的工作和别人大脑的工作连接起来. 交流允许我们用更复杂的方式合作和竞争. 用诗人邓恩（John Donne）的话来说:没有人是一座孤岛.地球上每个人都是分享计算的一部分.

就是这个全人类社会的联合计算把我们变得特殊——如果我们真的特殊.人类不是加入这场复杂又丰富的计算的唯一物理系统.就像我指出的那样,每个基本粒子都参与了宇宙的巨大计算.从底层来看,宇宙的每个比特仅仅是一个比特.从携带和处理信息角度来说,所有比特都是平等的.

科学用一种不太让人舒服的方式把人类从中心舞台上推了下去.在科学出现之前,人类被当作自然的中心,住在宇宙中心的地球上.随着地球和人类起源被研究得越来越仔细,我们发现大自然对有些东西比对人类更感兴趣,地球也不是宇宙的中心.人类仅仅是生命家族的一个分支,地球也仅仅是一颗绕着银河系旋臂边缘上一个不起眼的太阳而旋转的小小行星.

然而我们是独一无二的(细菌、榆树等也是).把我们变得独一无二的正是信息,DNA 的比特令我们属于猴子,语言和思想把我们从猴子中分离出来.没有一种特殊的物质,也没有神秘的生命力使我们成为活生生的人.我们是原子组成的,和其他东西一样.原子们一起处理信息和计算才把我们变得与众不同.我们是肉体凡胎,但我们是有计算能力的肉体凡胎.

8.11 普适思想

既然我们整体上知道了宇宙的计算本质,就很容易把它描述为一种宇宙智能,就像拉普拉斯妖一样.当然我们可以把宇宙想成一种巨大的智能组织,但是如果想得更多,比如把地球当成一个生物体(像“盖亚假说”的想法)就不对了.注意,如果你认为宇宙具有智能,就不能否认它的伟大思想之一,即自然选择[①].几十亿年以来,宇宙通过一个缓慢的试错过程精心设计了新的结构.在设计中,每一个惊喜都是一个微小的量子随机事件,它们的结果由物理定律详细决定.一些随机事件起了作用,一些没有起作用.经过几十亿年,结果就是我们和所有其他事物.

最后,若说世界有生命,或者宇宙会思考,仅仅是个隐喻.宇宙的思想是什么?宇宙实现的一些信息处理过程确实是思想,即人类的思想.还有一些信息处理过程(如数字计算)可以和思想联系

---

① 拒绝自然选择的证据就是在侮辱宇宙的智慧.

在一起. 但是宇宙绝大多数的信息处理过程是原子间的碰撞，是物质和光的微小运动.

和通常的人类思想相比，宇宙的“思想”很谦虚：基本粒子们只关心自己的事. 但是谦虚不等于弱小. 量子混沌可以把微小的运动放大为飓风. 物质和光的微观“舞蹈”不仅能够产生人类，而且能够产生所有生命. 两个原子的碰撞可以而且确实改变了宇宙的未来.

作者的故事:来自信息的慰藉

我脑海中形成“有效复杂性”这个概念的过程是一条很长且很复杂的路.它开始于我在洛克菲勒大学和海因茨·帕格尔斯的合作,成为了我的博士课题,并持续到我在IBM的兰道尔手底做博士后的时候.兰道尔是信息物理领域的奠基者之一.他的格言“信息即物理”就是这本书的底层原理之一:所有存在的信息都是由物理系统所携带,并且所有的物理系统都携带着信息.

我当时对收到了这个工作邀请比较惊讶.在那之前的秋天,我曾到IBM的沃森实验室做了一个关于关于麦克斯韦妖的报告.作为我博士论文《黑洞、妖和退相干:复杂系统如何获取和处理信息》的一部分,我建立了量子系统如何从其他量子系统获取信息,并且看上去违反热力学第二定律实际上并没有违反的量子力学模型.我报告做的并不是太好.兰道尔有点来气,因为本内特在那一年刚刚发表了一篇关于麦克斯韦妖的文章,里面对信息和熵之间的权衡研究比我的好很多.更糟的是,我在吃午饭时说了一个关于那些相信晶体有治愈能力的人的笑话,不经意地侮辱了一旁的格里高里·蔡廷(IBM知名的计算机科学家),因为我不知道他在卧室里放了一块大水晶来让自己保持专注.

无论如何,这是个很好的工作邀请,我已经准备好要过去.在接到兰道尔的电话不久,我在洛克菲勒的实验室主任来到我的办公室说:“盖尔曼打来电话说现在就要跟你聊聊!”.我一直都很紧张教授突然走进我办公室并向我宣布什么事情.盖尔曼想跟我聊什么?我从未见过他(修道院的第一战尚未打响),我真的不知道这位当时世界上最著名的物理学家会对我做的事情感兴趣.

我接起电话.“你申请加州理工学院的材料跑哪儿去了?”,盖尔曼问.他当时在研究复杂性的问题和量子力学的基础,花了很长时间都没找到一个合适的博士后和他一起做这些课题.几个月来他一直在搜索博士课题是这些领域的人,最终发现了我.他想给我一个博士后的位置,问我是否接受.从长时间没收到工作邀请,到突然来了两个工作位置，让我有些不知所措，难以做决定. 因为我错过了加州理工学院的招聘流程，盖尔曼第一年能给我的工资只是 IBM 能给我的一半.

但另一方面，我对去加州理工学院工作的前景非常看好. 最终，我决定去西部的加州理工学院. 那是 1988 年的夏天，我把行李放进我那已有 10 年寿命的达特桑里并开了过去.

我的第一站是新墨西哥州的圣塔菲. 在那里，我参加了圣塔菲研究所的第一期暑期学校，并第一次见到了盖尔曼. 我们开车一起去洛斯阿拉莫斯，并花了一下午的时间在讨论复杂性的概念. 盖尔曼的形象十分惹眼，满头卷曲的白发和有感染力的微笑. 对跟他交谈的人来说，他是一个非常出色的谈话者，因为他在任何你关心的领域所拥有的知识，都高出你的期望 10 倍. 如果你犯了错，他会毫不犹豫地直接告诉你. 在我们三小时的交谈中，我大胆地对量子力学中一个我不太熟悉的方向提出了我的观点. “No”，盖尔曼回答道，同时声音也变得更大：“No!”他低头把前额放在我们面前的桌子上，并用拳头开始敲击桌子：“No! No! No! No!! No!!!”于是我觉得，我值得跟着他混.

在圣塔菲呆了一个月之后，我开车到了阿斯彭的物理中心去见帕格尔斯. 他在阿斯彭有个房子，是他和妻子伊莲娜(Elaine)以及两个孩子的夏天度假之地. 我们关于热力学深度的工作引起了学术圈的讨论，以及科学记者的关注. 我们一边在攀登埃尔克山(Elk Mountains)的群峰，一边讨论着我们下一步的工作. 或者说我们只用了少量的时间在讨论工作，大部分时间帕格尔斯都在跟我讲物理以外的疯狂故事. 在“城堡顶”，他张开双臂指向群山并高呼：“我赐予你们全世界所有的财富和美女.”

两天之后，不幸降临了. 帕格尔斯和我决定去攀登“金字塔顶”，14000 英尺高的风蚀岩石，坐落在阿斯彭 10 英里之外的 West Maroon 荒野上. 那天天气不错，我们很早就出发，小心翼翼地避开下落的石头，到了中午我们攀登到了山顶. 在下山的途中，我们横向穿过了很多裸露的岩石；如果不小心掉下去，就会一直掉进深渊. 我们沿着岩石裂缝的边缘前行，帕格尔斯在前. 在裂缝的终点，他跳到了两个峭壁之间的马鞍形石头上. 帕格尔斯的脚踝因为小时候得过脊髓灰质炎(小儿麻痹)而变得很脆弱. 当他脚落在岩石上时，他的脚踝突然变形，他就这样滑落并几乎垂直地掉落进了山谷里.

我喊他，没有回答. 很快，在我还没冻僵的时候，我从裂缝的终点跳到了马鞍形石头上，很笨拙的一小跳．我喊了一遍又一遍，没有回答．山谷非常深，帕格尔斯的背包里有绳子．我于是原路返回下山去寻求帮助．

结局令人难过．在警长带着我去告诉伊莲娜发生了什么，同时救援队一直在搜寻帕格尔斯，并希望他在某个岩石缝隙里还活着．救援队没有找到他，于是用直升机把我带回了山上．我们小心地来到金字塔顶的大山谷中，山谷的中心是一个陡峭的风蚀岩石，离山顶半英里．我们找到帕格尔斯掉落的地方．这里没有岩石缝隙．他径直地摔落了 100 英尺，落在坚硬的石头上摔死——快速没有痛苦地死去．撞击过后，他的遗体滑落了 2000 英尺，最终我们在一层岩石上发现了他．我们缓慢地离开山谷，然后我将这个坏消息告诉了伊莲娜．

接下来的几个月，我试着接受这个事实．虽然我的损失无法跟还处于震惊和悲伤之中的伊莲娜相比，但我也几乎被击垮．葬礼之后，我回到了洛斯阿拉莫斯，和沃伊切赫·祖瑞克（Wojciech Zurek）一起工作．我住在一个提供住宿加早餐，可以俯视山谷的旅馆．每到夜里，帕格尔斯的声音都会回荡在我的脑海里并把我叫醒．我离开床，以为他还在屋里．出于活下来的内疚，我自己去佩科斯（Pecos）荒野做了长时间的远足旅行．我在森林中迷了路，好几天我都不知道我在哪儿．我做了不该做的单独攀登．我找到了悬崖并朝下望去，令人恐惧．

我尝试着靠工作来慰藉自己，但是物理定律起不到慰藉作用．每个偶然事件的发生都基于量子力学．量子力学的多世界诠释告诉我们每当发生意外事故，都会出现很多并没有发生这个意外事故的世界．

帕格尔斯的死是一个悲剧事故．他是一位富有经验的攀登者，像那种跳跃他成功地做过不下 1000 次．可偏偏就这次，他落地时角度有个微小误差，他的脚踝害了他．在我们的世界里，他摔了下去．但是另外的世界也不能给我带来慰藉．就像大江健三郎的小说《个人的体验》里主人公一样，我理解了“不管你用什么样的心理学技巧，你都无法把死亡的绝对性变得相对．”

但是这个世界仍然可以来测量慰藉．与伊莲娜，还有帕格尔斯的朋友约翰·布罗克曼（John Brockman），莎郎（Sharon）和大卫·奥尔茨（David Olds）交谈，我更多地了解了帕格尔斯和他的一生．我正做的工作源于我们合作提出的一些构思，包括这本书中的一些想法，我可以通过想象帕格尔斯对本书的反馈和批评而获得满足. 慰藉逐渐地来自信息——同时来自真实的和想象的信息. 帕格尔斯的大脑和身体消失了. 他细胞处理过的信息完全融入了地球的缓慢处理中. 他失去了意识、思想和行动，但我们并没有完全失去他. 当他活着的时候，他编程了宇宙属于他自己的那一部分，并把计算结果在我们和我们周围展示：他生动的思想和令人惊讶的行为，在我们的思想和行为中始终存活着，并且有着它们自己的生动和令人惊讶的结果. 帕格尔斯的那部分宇宙级计算一直在持续.

扩 展 阅 读

关于宇宙是一台计算机的观点,除了阿西莫夫的《最后的问题》(1956 年)以外,还有海因茨・帕格尔斯的《宇宙的编码》(The Cosmic Code, Simon & Schuster Press, 1982). 巴罗(J. D. Barrow)的《万有理论》(Theories of Everything, Clarendon Press, 1991),以及蒂普勒(F. J. Tipler)的《不朽中的物理》("The Physics of Immortality", Doubleday, 1994).

宇宙是一台经典数字计算机的观点最早由 1960 年代楚泽和弗雷德金提出. 楚泽的德语书《Rechnender Raum》(Friedrich Vieweg & Sohn, Braunschweig, 1969),翻译为《计算空间》(Cambrid, Mass. 02139, 1970-2, http://www.idsia.ch/~juergen/zuse.html). 弗雷德金的工作见网址(http://www.digitalphilosophy.org/).

他们提出的这种特殊计算机称为"元胞自动机". 元胞自动机由众多计算元胞组成一个规则的数组,每个计算元胞都包含一个或多个比特. 每个计算元胞都根据它自己和它临近计算元胞的状态来自动升级. 宇宙是元胞自动机的观点最近由斯蒂芬・沃尔弗拉姆的书《一种新科学》(A New Kind of Science, Wolfram Media, 2002)得到了推广.

关于猴子打字员背后的数学,见文献("A Formal Theory of Inductive Inference", Information and Control 7 (1964), 1-22; G. J. Chaitin, "Algorithmic Information Theory", Cambridge University Press, 1987; A. N. Kolmogorov, "Three Approaches to the Quantitative Definition of Information", Problems of Information Transmission 1 (1965), 1-11). 其他更多关于算法信息及其与复杂性产生之间的关系的讨论,见施密德胡伯(Juergen Schmidhuber) 在网址 http://www.idsia.ch/~juergen 上的著作,还有泰格・马克(Max Tegmark)的论文("Is 'The Theory of Everything' Merely the Ultimate Ensemble Theory?", Annals of

Physics 270 (1998), 1-51 (arXiv/gr-qc/9704009)). 关于算法信息和热力学第二定律之间的关系，见祖瑞克的论文（Nature 341 (1989), 119-124).

图灵在他的论文（"Computing Machinery and Intelligence", Mind (1950), 433-460）中提出了不可预测性问题和停机问题与自由意志之间的关联. 还可参阅波普尔（K. R. Popper）的论文（"Indeterminism in Quantum Physics and Classical Physics", British Journal for Philosophy of Science 1 (1951), 179-188). 关于这个课题还有一篇经典的论文（J. R. Lucas, "Minds, Machines, and Gödel", Philosophy 36 (1961), 112-127). 最近关于自由意志的探索见丹尼特（Daniel C. Dennett）的《肘子屋：各种值得拥有的自由意志》（Elbow Room: The Varieties of Free Will Worth Wanting, MIT Press, 1984). 一个关于宇宙计算能力对我们预测宇宙行为能力所起到的作用的研究见论文（D. R. Wolpert, "Computational Capabilities of Physical Systems", Physical Review E 65, 016128 (2001)(arXiv/physics/0005058, physics/0005059)).

关于热力学第二定律和时间不对称性的本质的介绍可阅读保罗·戴维斯（P. C. W. Davies）的《时间不对称性的物理》（The Physics of Time Asymmetry, University of California Press, 1989).《时间不对称性的物理起源》（由剑桥大学出版社的哈里韦尔（J. J. Halliwell）、梅卡德尔（J. Pérez Mercader）和祖瑞克编辑，于1996年出版）是一本收集这个课题的科研文献的书. 关于麦克斯韦妖的很多早期文献收录于英国物理学会的列夫和雷克斯编辑的《麦克斯韦妖2：熵、经典和量子信息及计算》（Maxwell's Demon 2: Entropy, Classical and Quantum Information, Computing).

很多量子力学的经典文献及相关评论收录在惠勒和祖瑞克主编的《量子理论和测量》（Quantum Theory and Measurement, Princeton University Press, 1983）中. 一本着重于基础问题的量子力学教材为佩雷斯（A. Peres）的《量子理论：概念和方法》（Quantum Theory: Concepts and Methods, Springer, 1995). 格里菲斯在他的书《自洽的量子理论》（Consistent Quantum Theory, Cambridge University Press, 2003）中，介绍了退相干历史诠释. 退相干和混沌共同产生信息的方式见论文（F. M. Cucchietti, D. A. R. Dalvit, J. P. Paz, W. H. Zurek, Physical Review Letters 91 (2003), p. 210403).

一个对量子力学和量子计算的介绍参见约翰逊(G. Johnson)的书《时间上的捷径:量子计算机之路》(A Shortcut Through Time: The Path to the Quantum Computer,Knopf,2003).量子计算机领域的标准教材见尼尔森(M. A. Nielsen)和庄的《量子计算和量子信息》(Quantum Computation and Quantum Information, Cambridge University Press, 2000).

我的一些有关计算的物理限制和宇宙的计算能力的工作见我的论文("Universe as Quantum Computer", Complexity 3(1)(1997), 32-35 (arXiv/quantph/9912088);"Ultimate Physical Limits to Computation", Nature 406 (2000), 1047-1054(arXiv/quantph/9908043);"Computational Capacity of the Universe", Physical Review Letters 88, 237901 (2002) (arXiv/quant-ph/0110141)).李·斯莫林编写的关于量子引力的科普书为《通向量子引力的三条路》(Three Roads to Quantum Gravity, Perseus Books, 2002).我写的基于量子计算的量子引力理论的论文见("The Computational Universe: Quantum Gravity from Quantum Computation", arXiv/quant-ph/0501135).

有关复杂性科学的介绍见盖尔曼的著作《夸克与美洲豹:简单和复杂性之旅》(The Quark and the Jaguar: Adventures in the Simple and Complex,Freeman,1995);霍兰(John H. Holland)的《危机:从混沌到秩序》(From Chaos to Order,Perseus,1999);以及考夫曼(Stuart Kauffman)的《在宇宙的家中:寻找自组织和复杂性的定律》(At Home in the Universe: The Search for Laws of Self-Organization and Complexity, Oxford University Press, 1996).本内特关于复杂性和逻辑深度的定义见其论文("Dissipation, Information, Computational Complexity, and the Definition of Organization" in Emerging Syntheses in Science, edited by D. Pines (Addison Wesley, 1987));"Logical Depth and Physical Complexity" in The Universal Turing Machine: A Half-Century Survey edited (Oxford, 1988), 227-257).关于热力学深度的介绍见我和帕格尔斯的论文("Complexity as Thermodynamic Depth", Annals of Physics 188 (1988), 186-213).

致 谢

感谢我所有的老师,尤其是我的家人和朋友们.

我的妻子夏娃(Eve),还有我的两个女儿艾玛和佐伊,在我写这本书的时候容忍了很多事情.我的父母(Robert Lloyd,Susan Lloyd)是这本书的最早读者和编辑.我的兄弟本(Ben)和汤姆(Tom),还有我的侄女们、侄子们、表兄弟姐妹们、叔叔们以及阿姨们,都对本书提出过宝贵的问题.

我在麻省理工学院和其他地方的朋友们给出了很有用的评论和批评,尤其是本内特、戴维斯(Paul Davies),还有摩西研讨会的成员:摩西(Joel Moses)、贝维克(Bob Berwick)、法诺(Robert Fano)、盖格(Gadi Geiger)、凯瑟(Jay Keyser)、奈特(Tom Knight)、米特(Sanjoy Mitter)、斯坦伯格(Arthur Steinberg)和萨斯曼(Gerry Sussman).奥兰多(Terry Orlando)的研究生阅读小组耐心地读过了我的原稿并且告诉了我他们的想法,我也都听了进去.卢卡斯、布朗(Janet Brown)和哈罗(Aram Harrow)帮助我校对了打字错误.

盖尔曼教给了我量子力学和复杂系统,法默和我一边骑车上下山一边讨论这两个领域之间的联系,蔡杰申教给了我孟子的学说.

我在量子信息和量子计算领域所有的同事们,都通过他们各自的科研工作对我这本书做出了很大的贡献.这本书基于的研究工作获得剑桥—麻省理工创新基金、美国国家科学基金、美国陆军科研办事处、美国国防部高级研究计划局、高等研究和发展协会、美国海军科研办事处和美国空军科研办事处的资助.

阿舍(Marty Asher)和科诺夫(Knopf)是非常耐心的科学编辑.散文的字体来自于利平科特(Sara Lippincott),她把我的简短笔记变成书面文字.布罗克曼是最早鼓动我写这本书的人,马特森(Katinka Matson)在我开始写作时也给予了我鼓励.

最后,我还要谢谢那些已经离去的朋友:帕格尔斯、兰道尔和贝拉什(Alexis Belash).